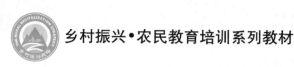

乡村振兴·农民教育培训系列教材

XIANDAI SHESHI YU_____UISHU

现代 设施园艺新技术

◎ 李居平　罗鸷峰　邹琴琴　主编

中国农业科学技术出版社

图书在版编目(CIP)数据

现代设施园艺新技术 / 李居平,罗鸶峰,邹琴琴
主编 . --北京:中国农业科学技术出版社,2023.6
ISBN 978-7-5116-6278-1

Ⅰ.①现… Ⅱ.①李…②罗…③邹… Ⅲ.①园艺-
设施农业 Ⅳ.①S62

中国国家版本馆 CIP 数据核字(2023)第 084402 号

责任编辑 周 朋
责任校对 王 彦
责任印制 姜义伟 王思文

出 版 者 中国农业科学技术出版社
北京市中关村南大街 12 号 邮编:100081
电 话 (010) 82106631 (编辑室) (010) 82109702 (发行部)
(010) 82109709 (读者服务部)
网 址 https://castp.caas.cn
经 销 者 各地新华书店
印 刷 者 北京地大彩印有限公司
开 本 140 mm×203 mm 1/32
印 张 6.125
字 数 160 千字
版 次 2023 年 6 月第 1 版 2023 年 6 月第 1 次印刷
定 价 28.00 元

　　设施园艺是现代农业的重要标志，是集优质、高产、高效、安全等诸多优点于一身的现代农业生产方式，在保障和丰富蔬果供给、改善农业生产条件、提高农业经济效益、推动农村经济发展和促进农民就业增收等方面具有重要作用。随着科技的快速发展，以及在农业政策的扶持和技术指导下，我国设施园艺面积不断扩大，设施园艺技术不断改进，并朝着专业化、标准化和高新化方向发展。

　　为帮助生产者系统学习现代设施园艺的基本理论知识，掌握不同设施内常见园艺作物的栽培技术，了解设施园艺的新发展和新技术，特编写了本书。本书共七章，分别为现代设施园艺概述、现代园艺设施设备、现代设施园艺技术、蔬菜设施栽培技术、果树设施栽培技术、花卉设施栽培技术、设施园艺病虫害防治技术。

　　由于作者水平有限，编写时间仓促，书中难免存在不足之处，欢迎广大读者批评指正！

编　者

2023 年 1 月

目录

第一章 现代设施园艺概述

第一节 设施园艺的概念和特点

一、设施园艺的概念

设施园艺又称设施栽培，是指在不适宜园艺作物（主要指蔬菜、花卉、果树）生长发育的寒冷或炎热季节，采用防寒保温或降温防雨等设施、设备，人为地创造适宜园艺作物生长发育的小气候环境，不受或少受自然季节的影响而进行的园艺作物生产。用作栽培的场地和设备称为园艺设施（即在不适宜园艺作物生长的季节，提供栽培和育苗场所的设施）。

设施园艺是与露地栽培相对应的一种生产方式。由于生产的季节往往是在露地自然环境下难以生产的时节，又称"反季节栽培"。设施中的环境可以人为调控，与露地栽培相比，设施园艺能大幅提高产量，增进品质，延长生长季节和实行反季节栽培，从而获得更高的经济效益，已成为农业中的重要产业和农民致富的主要途径之一。

二、设施园艺的特点

与露地栽培相比，设施园艺具有以下特点。

（一）设施园艺地域性强

设施园艺应充分利用当地自然资源，如发展日光温室一定要选择冬季晴天多、光照充足的地区，避免盲目性。有些地区有地热（温泉）资源、工业余热等，可以充分利用，用于温室加温，降低能源成本。

（二）设施园艺投资大

设施园艺中的设施类型多样。各种设施在生产中都能发挥特定的作用，但因其性能不同，各自的作用又有不同，应根据当地的自然条件、市场需要、资金投入、技术、劳动力、栽培季节和栽培目的选择适用的设施进行生产。

设施园艺生产除需要较多的设备投资外，还需较大的生产投资。因此，必须在单位面积上获得最高的产量、最优质的产品，提早或延长（延后）供应期，提高生产率，增加收益，否则资金不足会影响发展。

（三）需要进行环境调节

园艺作物设施栽培是在不适宜作物生长发育的季节进行生产，因此设施中的环境条件，如温度、光照、湿度、营养、水分及气体条件等，要靠人工进行创造、调节或控制，以满足园艺作物生长发育的需要。环境调节控制的设备和水平，直接影响园艺产品产量和品质，也影响着经济效益。

（四）要求较高的管理技术

设施栽培要求生产者必须了解不同园艺作物在不同的生育阶段对外界环境条件的要求，并掌握保护设施的性能及其变化规律，协调好两者间的关系，创造适宜作物生育的环境条件。设施园艺涉及多学科知识，因此生产者要素质高、知识全面，不但懂得生产技术，还要善于经营管理、有市场意识。

（五）生产专业化、规模化和产业化

大型设施园艺一经建成必须进行周年生产，提高设施利用率，而只有生产专业化、规模化和产业化，才能不断提高生产技术水平和管理水平，从而获得高产、优质、高效。

三、发展设施园艺的意义

随着市场经济和科技的发展，设施园艺已成为设施农业的重要组成部分。因此，在我国发展设施园艺具有重要的现实和战略意义。

（一）提高资源利用率

耕地、淡水等资源是农业发展的基础。我国人多地少水缺，人均耕地面积和淡水资源分别为世界平均水平的 1/3、1/4，农业能源投入也有待增加，因此必须节约资源、提高资源利用率。设施栽培是高度集约化栽培方式，不仅可以在一般耕地上进行，而且可以在干旱缺水的沙漠地区、盐碱地、沿海滩涂、海边无土地区以及其他无法进行农业耕种的地区实施，不但可实现周年四季生产，而且可有效利用国土资源，补充耕地资源不足，大幅度地提高资源利用率和劳动生产率，实现高产、优质、高效和可持续发展。

（二）大幅度提高单产，增加经济效益

设施园艺是在人工控制环境条件下从事生产，产量比一般露地栽培有很大的提高。例如，露地生产的黄瓜、番茄、茄子等每亩（1 亩≈667 米²，全书同）产量为 2~3 吨，而设施内栽培每亩产量可达 10~20 吨。设施生产的产品供应期比陆地生产上市时间推迟或提前，经济效益高。据调查，蔬菜设施栽培的经济效益高于露地栽培 4~5 倍。

（三）调节市场供应，增加市场供应种类

设施栽培使北方地区冬春季新鲜果品、蔬菜、花卉当地供应成为现实，也使南方地区在炎热的季节生产出露地无法生产的园

艺产品，出现了淡季不淡的园艺产品供应新景象，为丰富城乡人民的菜篮子和美化环境做出了重要贡献。如北方地区塑料棚膜温室中栽培油桃，3月下旬果实成熟上市，比露地栽培提前60～100天。利用日光温室生产喜温性蔬菜，基本上达到了周年生产和周年供应。

（四）增强抗灾减灾能力

设施园艺工程以其高强度的牢固骨架和耐候性的覆盖材料，在一定程度上能抵抗自然界大风、低温霜冻、大雨、冰雹以及高温、强日照等不利影响，增强抗灾和减灾能力，使设施栽培作物在不适宜的外界条件下获得成功。如第二代节能型日光温室在严寒季节室内外最低温差可达30℃，在外界低温-20℃的环境下，室内可维持在10℃，能有效地防止低温冻害，保证设施内作物正常生长。在夏季高温酷热多雨的长江流域及以南地区，设施覆盖农膜、遮阳网、防虫网等可达到遮强光、防高温、避雨淋、降湿、防病虫的效果，使常规栽培条件下难获成功的夏秋菜栽培及育苗获得成功。

（五）有利于保障食品安全

设施园艺是在环境可控条件下进行生产，有利于进行虫害控制，配合生物控制等高新技术的应用，可保证食品的安全生产，也是提高我国优势农产品国际竞争力的迫切需要。

（六）带动产业发展

设施园艺产业属于科技密集型的高效集约型农业，设施园艺的高速持续发展，带动了国内一批相关产业的发展，如温室制造业、种苗业、运输业、餐饮业，以及覆盖材料、仪器设备、包装等产业，增加就业机会，提高国民收入，同时也为设施栽培进一步发展创造了有利条件。

第二节　设施园艺的栽培作物

设施园艺属于高投入、高产出，资金、技术、劳动密集型产业，因此设施园艺栽培的作物品种一般要求具备优质、商品性好、高产、高效、耐弱光、抗病、抗逆等特点。设施园艺栽培的作物通常包括蔬菜、果树、花卉、药材及香料植物等，主要分为蔬菜、果树和花卉三大类。

一、设施蔬菜

适合设施栽培的蔬菜种类很多，主要有茄果类、瓜类、豆类、绿叶菜类、芽菜类和食用菌类等。

（一）茄果类

主要有番茄、茄子、辣椒等。这类蔬菜产量高，供应期长，在我国普遍栽培，大部分地区能实现周年供应，其中栽培面积最大的是番茄。

（二）瓜类

主要有黄瓜、西葫芦、西瓜、甜瓜、苦瓜、南瓜、冬瓜、丝瓜等，其中栽培面积最大的是黄瓜。

（三）豆类

主要有菜豆、豇豆和荷兰豆。这类蔬菜在蔬菜淡季供应中有重要作用，特别是在冬季早春露地不能生产的季节，更受人们的欢迎。

（四）绿叶菜类

主要有芹菜、莴苣、油菜、小白菜、菠菜、蕹菜、苋菜、茼蒿、芫荽等。绿叶菜类一般植株矮小，生育期短，适应性广，在设施栽培中既可单作还可间作套种。小白菜、油菜、苋菜、茼蒿、菠菜、芫荽、蕹菜、荠菜等在间作套种中利用较多，北方单作面积较大的绿叶菜为莴苣、芹菜。

（五）芽菜类

主要是豌豆、香椿、萝卜、荠菜、苜蓿、荞麦、绿豆、花生等种子遮光发芽培育成黄化嫩苗或在弱光条件下培育成绿色芽菜，作为蔬菜食用。芽菜适于工厂化生产，是提高设施利用率、补充淡季的重要蔬菜。

（六）食用菌类

主要有双孢蘑菇、香菇、平菇、金针菇、草菇等；特种食用菌有鸡腿菇、姬松茸、灰树花、木耳、银耳、猴头菇、茯苓、口蘑、竹荪等。近年来一些菌类工厂化栽培发展很快。

二、设施果树

设施栽培的果树品种要具有需冷量低、早熟、品质优、季节差价大的特点。目前，世界各国进行设施栽培的果树分为常绿果树和落叶果树。常绿果树主要包括香蕉、柑橘、杧果、枇杷、杨梅等。木本果树中，葡萄的设施栽培面积最大，其他有桃（含油桃）、樱桃、苹果、梨、李、杏、柿、枣、无花果等。在落叶果树中，除板栗、核桃、梅以及黑穗醋栗、树莓等寒地小浆果外，其他果树种类均有设施栽培。

目前，我国设施栽培主要有葡萄、樱桃、李、桃、枣、柑橘、无花果、番木瓜和枇杷等树种。

三、设施花卉

商品花卉绝大多数是部分或全生育期为设施栽培。设施栽培的花卉种类十分丰富，栽培数量最多的是切花花卉和盆栽花卉，此外，宿根和球根花卉、花坛花卉在设施中的栽培也较常见。

（一）切花花卉

切花花卉是指用于生产鲜切花的花卉，它是国际花卉生产中最重要的组成部分。切花花卉又可分为切花类、切叶类和切枝类。切花类如非洲菊、菊花、香石竹、月季、唐菖蒲、百合、安祖花、鹤望兰等；切叶类如文竹、肾蕨、天门冬、散尾葵等；切枝类如松枝、银柳等。

（二）盆栽花卉

盆栽花卉是花卉生产的另一个重要组成部分。盆栽花卉多为半耐寒性和不耐寒性花卉。半耐寒性花卉在北方冬季一般需要在冷床或温室中越冬，如金盏花、桂竹香、紫罗兰等。不耐寒性花卉多原产于热带及亚热带，不能忍受 0℃ 以下的低温，这类花卉也叫温室花卉，如一品红、仙客来、蝴蝶兰、马蹄莲、花烛、大岩桐、球根秋海棠等。

（三）宿根和球根花卉

许多多年生宿根和球根花卉也进行一年生栽培，用于布置花坛，如四季秋海棠、芍药、地被菊、一品红、郁金香、风信子、大丽花、美人蕉、喇叭水仙等。

（四）花坛花卉

多数一、二年生草本花卉均可作为花坛花卉，如万寿菊、金盏菊、矮牵牛、羽衣甘蓝、三色堇、凤仙花、鸡冠花、旱金莲、五色苋、银边翠、雏菊等。花坛花卉一般抗性和适应性较强，设施栽培可人为调控花期。

第三节　设施园艺的发展情况

一、世界设施园艺的发展概况

依据自然气候条件、地理位置、经济水平和饮食文化等因素，可将世界设施园艺大致划分为亚洲、地中海沿岸、欧洲、美洲、大洋洲和非洲六大区域。随着社会经济的不断发展，设施园艺整体上呈现蓬勃发展的趋势。

据 2017 年调查数据显示，全世界设施农业总面积达到 460 万公顷，主要分布在亚洲的中国、韩国和日本，欧洲的荷兰和阿尔巴利亚，美洲的美国、墨西哥和委内瑞拉，非洲的埃塞俄比亚和埃及，以及地中海沿岸诸国。其中，亚洲是世界设施农业发展最快、面积最大的地区，仅中国、日本和韩国 3 个国家的设施农业面积之和就占世界设施农业总面积的 82.90%。

在设施农业体量上，我国设施农业面积达 370 万公顷，居世界第一，约占世界设施农业总面积的 80%，意大利紧随其后位于第二，位于第三、第四的分别为土耳其和韩国。荷兰人均设施农业温室面积位居世界第一。

（一）设施类型

从设施类型上看，有近 292 万公顷的设施农业类型是塑料大棚（含中小拱棚），占比约为 63.5%，主要分布在中国、韩国、日本以及地中海沿岸诸国；塑料温室类型面积达 130 万公顷左右，占比约为 28.3%，在中国的江苏省、辽宁省、山东省等地被广泛使用；玻璃温室类型面积达 6 万公顷左右，占比约为 1.2%，结构大多为文洛型连栋温室，主要集中在亚洲的中国，非洲的埃及，地中海沿岸的土耳其、意大利和西班牙，荷兰及北欧一些国家；其他类型温室面积占比约为 7%。

（二）设施作物

从栽培作物看，蔬菜占设施园艺总面积的 85% 以上，以番茄、黄瓜、茄子、甜椒等为主；其次为鲜切花和盆栽花卉。从种植地域分布来看，中国、日本和地中海沿岸国家主要种植蔬菜、草莓和葡萄，欧美一些发达国家以高附加值的鲜切花和盆栽花卉生产为主，如荷兰花卉的生产全部在温室内进行，生产的鲜切花、观赏植物约占世界温室市场的 80%，每年出口总额占国际市场花卉贸易的 60%，占欧洲市场的 70%。

（三）栽培技术

从栽培技术看，荷兰、美国、日本等发达国家的设施农业技术处于领先水平。发达国家在设施农业发展过程中非常重视环境保护和资源循环利用，实现了生态循环农业的模式。随着温室结构优化、设施配套及栽培技术体系完善，先进的现代设施园艺能够用计算机对作物生长发育的各种环境因子进行调控，使设施作物生长不受或很少受自然条件制约，实现作物周年连续生产供应，产出的温室产品能获得高产量、高品质、高利润，畅销国际市场。

二、我国设施园艺的发展概况

我国是农耕文明历史悠久的国家，设施园艺发展最早可追溯到 2 200 多年前。尽管中国设施园艺发展历史悠久，真正大规模快速发展还是中华人民共和国成立以后，特别是改革开放以后。20 世纪 70 年代，我国设施农业面积仅为 0.7 万公顷，到 20 世纪90 年代末，我国设施农业面积达到 86.7 万公顷，绝对面积跃居世界第一。

随着适合不同地区、不同自然条件的设施技术不断提升，财政资金及外界资本的持续投入，我国设施农业生产规模逐年扩大。截至 2022 年，我国设施园艺总面积 280 多万公顷，占世界设施总面积的 80% 以上。其中，日光温室 81 万公顷（占 29%），大中棚 152 万公顷（占 53%），大型连栋温室 1.8 万公顷（占0.6%），小拱棚 51 万公顷（占 17.4%）。在这些设施中，蔬菜（含食用菌）、果树和花卉种植面积分别占 81%、11% 和 7%。设施种植业为中国经济社会发展和人们生活水平提高做出了重要的贡献。

三、我国设施园艺发展中存在的问题

近年来，我国设施园艺在面积不断增加、规模不断扩大的同时，其产业内部长期积累的矛盾和问题也日益凸显出来。

（一）设施结构不合理、生产安全性较差

我国从事设施园艺生产者大多数是农户，因资金等原因，仍主要采用简易型日光温室和竹木结构塑料拱棚，设施简陋、结构不规范、性能差、空间小、作业不便、劳动强度大、产出率低，缺乏有效抵御冬春低温、高湿、寡照，以及夏秋季高温、暴雨等不利气候的措施。

（二）设施装备水平和环境调控能力差

我国大多数农户建造的塑料大棚和日光温室普遍缺少必要的环境调控设备，小气候环境调控能力差；设施生产机械化程度低，人均管理面积小，劳动生产率低，温室作物单产与国际水平差距较大。

（三）设施栽培专用品种少，栽培技术规范性差

我国设施园艺缺乏优良的设施专用品种，栽培品种对设施环境的适应性差，有些甚至采用露地作物品种进行设施生产，影响了设施栽培效益的发挥。此外，设施栽培技术随意性大、规范性差，且栽培成本高、管理粗放、效益不高、污染环境，严重影响甚至打击了农户发展设施园艺的积极性。

（四）土壤盐渍化、连作障碍、病虫害日趋严重

设施的固定性以及栽培作物的单一性、重复性，大量化肥的不合理使用，加之土壤管理措施不当，随着设施栽培年限的增加，造成土壤养分不平衡，引起土壤微生物种群改变、土壤结构

破坏和盐渍化以及养分障碍的发生，有害物质积累、病虫害发生频繁、根结线虫严重，连作障碍逐年加重，使作物生长发育不良、产量和品质下降。连作障碍日趋严重已成为我国设施土壤持续高效利用的重要瓶颈。

（五）设施栽培土壤质量低，无土栽培推广应用难

我国一些农业设施温室大棚经过多年耕种后，土壤质量问题已经明显显现，土壤中的亚硝酸盐含量严重超标，不溶于水的矿物质（如钙、镁等）在土壤中聚集，从而造成土质变硬板结，农药残留问题突出，致使微生物含量减少。土壤质量的下降，直接影响到设施农业作物的产量和品质。无土栽培挣脱了土地的束缚，相较于传统土壤种植优势明显，但因目前无土栽培生产成本较高，配套设施不健全，经济效益不显著，尚未被农民接受。无土栽培技术尽管较成熟，但主要还是用在观光农业示范园以及科学研究上。

（六）组织化程度不高，劳动生产率低下

目前，我国的设施园艺产业仍以个体农户生产经营为主，能够发挥作用的农民经济合作组织较少。就整体而言，耕作、播种、施肥等设施园艺的生产过程绝大多数仍靠人工进行。作业环境差、劳动生产率很低、劳动强度大，规模化、产业化的水平较低，生产效益低下，设施园艺的经济效益难以体现，小农经济的生产经营与日益发展的市场经济矛盾越来越突出，更难以走出国门与国际市场接轨。

四、我国设施园艺的发展趋势

随着科学技术的进步和农业工程技术的发展，集园艺科学、环境调控、栽培管理、景观规划、现代装备等技术于一体的设施园艺内涵更加丰富。我国设施园艺的发展趋势呈现温室建设大型

化、设备技术集成化、操作技术机械化、设施品种专有化和多样化、覆盖材料多样化、栽培技术无土化以及病虫草害防治综合化的趋势。

（一）温室大型化、现代化，管理操作机械化

大型温室具有投资少、土地利用率高，便于实行机械化自动管理和产业化、规模化生产，室内温度相对稳定、日温差较小，便于环境控制等优点，因此，温室类型有向大型化、超大型化方向发展的趋势，温室单栋规模将从几公顷发展到几十公顷。随着温室大型化的发展，对设施环境调控技术和设备要求越来越高，计算机控制系统、栽培管理技术、环境因子采集自动化等现代技术装备将会成为未来设施园艺发展的重点。

（二）设施结构不断优化，覆盖材料功能多样化

根据我国不同地域的自然条件、经济水平和气候环境，对生产运行能耗大、产出低的不同温室类型进行结构优化，并形成标准化生产技术体系，这将会成为今后一段时期内设施园艺发展急需解决的一个问题。今后覆盖材料的发展趋势主要致力于节能环保材料的研发，注重覆盖材料的保温性，重视设施光环境的优化，不断提高材料的耐候性以及拓展覆盖材料的功能。

（三）推进设施园艺产业园建设，品牌意识进一步强化

通过积极引进、推广和示范先进的设施生产方式和栽培技术，完善设施园艺生产基地建设，形成一定规模和特色的设施园艺产业园，起到带动辐射作用。随着市场化程度日益提高，农业市场化进程也在加快，可围绕设施园艺产业主打产品，实行标准化生产、规模化经营，严格按照设施栽培技术标准和规程，进行采收、分级、加工、包装、上市，以优质的产品和服务，创建更多特色品牌。

（四）设施环境因子调控更加智能化，设施品种更加丰富

设施园艺生产的核心是能够对设施内栽培环境进行有效的控

制，创造出适于作物生长发育的最佳环境条件。现代工业技术加快了向农业领域的渗透，未来的人工智能环境控制系统不仅能够做到栽培环境全自动控制，而且与市场、气象站、种苗公司、病虫害测报等相连接，形成环境调控综合网络智能系统，进行产量、产值的预测，为生产者提供更为广泛的信息情报和确切的决策依据。温室环境控制调节的方向将会实现由单一的环境因子向耦合复杂的综合因子及高层次的自动化、智能化方向发展。随着设施园艺产业的深入发展，愈发重视设施作物专用品种的选育，一些具有耐低温、耐高温、耐弱光、耐高湿、优质高产的设施专用品种将会被选育出来，满足人们的需求。

（五）设施园艺绿色意识进一步加强，成为可持续农业

随着人们对生态环境保护和食品安全的日益关注，设施园艺生产过程中如何实现能源高效利用、生态环境保护将成为研究热点，开展以生物防治、生态防治和物理防治相结合的病虫害综合防治技术，可节省设施内化肥、农药、生长调节剂和灌水的用量，控制有害化学物质向外界环境排放。

（六）设施园艺生产推广服务体系逐步完善

提升基层农业技术推广科技者的服务能力和服务水平，将会推动我国设施园艺产业的发展水平。设施园艺产业分为产前、产中和产后3个不同阶段，其中产中阶段目前仍然以一家一户的农户种植模式为主，但一家一户的农户种植模式难以与大市场很好地衔接，因此，在产前和产后构建产业协作组织，将小生产和大市场有机地联系起来，有利于提高市场竞争力，促进设施园艺产业的整体发展。

第二章 现代园艺设施设备

第一节 塑料大棚

塑料大棚也称春秋棚或冷棚，是指没有加温设备的塑料薄膜覆盖的大棚，主要用于北方地区早春和晚秋的蔬菜生产。目前在园艺植物栽培与养护、矮化果树、林业育苗等经济作物的生产上得到了广泛应用。塑料大棚因其造价低、建造灵活、生产周期短、经济效益高，在最近几年来发展较快，是园艺生产栽培的主要设施之一。

塑料大棚内的温度源于太阳辐射能。白天，太阳能提高了棚内温度；夜晚，土壤将白天储存的热能释放出来，由于塑料覆盖，散热较慢，从而保持了大棚内的温度。但塑料薄膜夜间长波辐射量大，热量散失较多，常致使棚内温度过低。塑料大棚的保温性与其面积密切相关。面积越小，夜间越易于变冷，日较差越大；面积越大，温度变化缓慢，日较差越小，保温效果越好。近年来发展了无滴膜，薄膜上不着水滴，透光率较高，白天棚内温度增加，但夜间能较快地透过地面的长波辐射而降低棚内温度。

塑料大棚的类型很多。从塑料大棚的结构和建造材料上分析，在设施园艺生产中应用较多和比较实用的，主要有以下4种类型。

一、简易竹木结构大棚

主要以竹木为建筑骨架，是大棚建造初期的一种类型。这种结构的大棚，各地区不尽相同，但其主要参数和棚形基本一致，大同小异。大棚的跨度为 6~12 米、长 30~60 米、肩高 1.0~1.5 米、脊高约 1.8 米；按棚宽（跨度）方向每 2 米设一立柱，立柱直径 6~8 厘米，顶端形成拱形，地下埋深约 50 厘米，垫砖或绑横木，夯实，将竹片（竿）固定在立柱顶端成拱形，两端加横木埋入地下并夯实；拱架间距约 1 米，并用纵拉杆连接，形成整体；拱架上覆盖薄膜，拉紧后膜的端头埋在四周的土里；拱架间用压膜线或 8 号铅丝、竹竿等压紧薄膜。其优点是取材方便，建造容易，造价低廉；缺点是棚内立柱多，遮光率高，作业不方便，寿命短，抗风雪荷载性能差。

二、钢架无柱大棚

骨架采用钢筋、钢管或两种结合焊接而成的平面塑料大棚架，上弦用 16 毫米钢筋或 6 分管，下弦用 12 毫米钢筋，纵拉杆用 9~12 毫米钢筋。跨度为 8~12 米，脊高 2.6~3.0 米，长 30~60 米，拱架间距 1.0~1.2 米。纵向各拱架间用拉杆或斜交式拉杆连接固定形成整体。拱架上覆盖薄膜，拉紧后用压膜线或 8 号铅丝压膜，两端固定在地锚上。这种结构的大棚，骨架坚固，棚内无立柱，抗风雪能力强，透光性好，作业方便，是比较好的设施；缺点是一次性投资较大。

三、镀锌钢管装配式大棚

这种结构的大棚骨架，其拱杆、纵向拉杆、端头立柱均为薄壁钢管，并用专用卡具连接形成整体，所有杆件和卡具均采用热镀锌防锈处理，是工厂化生产的工业产品，已形成标准、规范的20多种系列产品。这种大棚的跨度为 4～12 米，肩高 1.0～1.8 米，脊高 2.5～3.2 米，长 20～60 米，拱架间距 0.5～1.0 米，纵向用纵拉杆（管）连接固定成整体。可用卷膜机卷膜通风、保温幕保温、遮阳幕遮阳和降温。这种大棚为组装式结构，建造方便，并可拆卸迁移，棚内空间大、遮光少、作业方便；有利于作物生长；构件抗腐蚀、整体强度高、承受风雪能力强。

四、连栋大棚

为解决农业生产中的淡、旺季，克服自然条件带来的不利影响，提高效益，发展特色农产品，钢管连栋大棚的应用是主要措施之一。

目前随着规模化、产业化经营的发展，有些地区，特别是南方一些地区，原有的单栋大棚向连栋大棚发展。就结构和外形尺寸来说，钢管连栋大棚把几个单体棚和天沟连在一起，然后整体架高。主体一般采用热浸镀锌型钢做主体承重力结构，能抵抗 8～10 级大风，屋面用钢管组合桁架或独立钢管件。连栋塑料大棚质量轻、结构构件遮光率小，土地利用率达 90% 以上。优点在于集约化和可调控性。但是一次性投入大，生产成本高。北方地区，连栋大棚通风和清除雨雪困难，建造和维修难度较大。

第二节　温室

温室是以透明覆盖材料作为全部或部分围护结构材料的特殊建筑，可以人工控制温、光、水、气等因子，是一种性能较充分的保护设施。温室是目前设施园艺生产中最重要、最广泛的栽培设施，对环境因子的调控能力更强、更全面，并朝着智能化温室的方向发展。温室大型化、温室现代化、园艺生产工厂化已成为当今国际设施园艺栽培的主流。温室有许多不同的类型，对环境的调节控制能力也不同，在设施园艺生产中有不同的用途。通常，依温室结构形式、温度来源、建筑材料等，将温室分为日光温室、现代化温室等。

一、日光温室

日光温室是适合我国北方地区特有的一种保护措施，它以塑料薄膜作为采光覆盖材料，以太阳辐射为热源，靠最大限度采光、加厚的墙体和后坡，以及防寒沟、保温材料室、防寒保温设备，最大限度地减少散热，一般不需人工加温，防寒保温性好。

（一）山东寿光式日光温室

温室前坡较长，采光面大，增温效果好；后坡较短，增强保温性。晴好天气上午揭苫 1 小时左右，可增加棚内温度 10℃ 左右，夜间一般不低于 8℃。山东寿光式日光温室后墙高为 1.5~2.5 米，中柱高 1.5~3.5 米，前立柱高 0.6~1.0 米，跨度 10~13 米，这种类型的温室塑料顶面与地面夹角较小，冬季日光入射量少，但棚的跨度大，土地利用率高。此种日光温室适合于北纬 38°以南，冬季太阳高度角大于 28°的地区。

（二）北方通用型日光温室

这种温室一般不设中柱、前柱。拱杆用圆钢或镀锌钢管制成，每间宽 3.0~3.3 米，每间设一通风窗，后屋面多采用水泥盖板，通常设置烟道加温。跨度 6~8 米，后墙至背柱间距（包括烟道及人行道）约 1.2 米，走道不下挖，前肩高 80 厘米，中肩高 2~3 米，后墙高 1.5~2.0 米，砖砌空心墙，厚约 50 厘米，内填炉渣等保温材料。

（三）全日光温室

在北方地区又称钢拱式日光温室、节能温室，主要利用太阳能作热源。近年来，在北方发展很快。这种温室跨度为 5~7 米，中高 2.4~3.0 米，后墙厚 50~80 厘米，用砖砌成，高 1.6~2.0 米，钢筋骨架，拱架为单片行架，上弦为 14~16 毫米的圆钢，下弦为 12~14 毫米圆钢，中间为 8~10 钢筋作拉花，宽 15~20 厘米。拱架上端搭在中柱上，下端固定在前端水泥预埋基础上。拱架间用 3 道单片桁架花梁横向拉接，以使整个骨架成为一个整体。温室后屋面可铺泡沫板和水泥板，抹草泥封盖防寒。后墙上每隔 4~5 米设一通风口，有条件时可加设加温设备。此种温室为永久性建筑，坚固耐用，采光性好，通风方便，易操作，但造价较高。

二、现代化温室

现代化温室（简称连栋式温室或智能温室）是园艺植物栽培实施中的高级类型，设施内的环境实现了计算机自动控制，基本上不受自然气候条件下灾害性天气和不良环境条件的影响，能周年全天候进行园艺植物栽培，适于园艺植物的工厂化生产。现代化温室按屋面特点主要分为屋脊型和拱圆型两类。屋脊型温室主要以玻璃作为透明覆盖材料；拱圆型温室主要以塑料薄膜为透明覆盖材料。

（一）框架结构

框架结构由基础、骨架、排水槽（天沟）组成。基础是连接结构与地基的构件，由预埋件和混凝土浇筑而成，塑料薄膜温室基础比较简单，玻璃温室较复杂，且必须浇注边墙和端墙的地固梁。骨架包括两类：一类是柱、梁或拱架都用矩形钢管、槽钢等制成，经过热浸镀锌防锈蚀处理，具有很好的防锈能力；另一类是门窗、屋顶等为铝合金型材，经抗氧化处理，轻便美观、不生锈、密封性好，且推拉开启省力。排水槽将单栋温室连接成连栋温室，同时又起到收集和排放雨（雪）水的作用。排水槽自温室中部向两端倾斜延伸，坡降多为 0.5%。连栋温室的排水槽在地面形成阴影，约占覆盖地面总面积的 5%。

（二）覆盖材料

理想的覆盖材料应具备透光性和保温性好、坚固耐用、质地轻、便于安装、价格便宜等特点。屋脊型温室的覆盖材料主要为平板玻璃、塑料板材和塑料薄膜。拱圆型温室大多采用塑料薄膜。玻璃保温透光好，但其价格高、重量大、易损坏、维修不方便。塑料薄膜价格低廉、易于安装、质地轻，但易污染老化、透光率差。近年来新研究开发的聚碳酸酯板材（PC 板），兼有玻璃和薄膜两种材料的优点，且坚固耐用不易污染，唯其价格昂贵，还难以大面积推广。

（三）自然通风系统

通风窗面积是自然通风系统的一个重要参数。空气交换速率取决于室外风速和开窗面积的大小。自然通风系统有侧窗通风、顶窗通风或两者兼有 3 种类型。通风窗的开启是由机械系统来完成的。

（四）加热系统

现代化温室面积大，没有外覆盖保温防寒，只能依靠加温来保证寒冷季节作物的正常生长。加温系统采用集中供暖分区控制，主要有热风采暖、热水采暖、热气采暖等方式。

（五）帘幕系统

帘幕系统具有双重功能，在夏季可遮挡阳光，降低温室内的温度，一般可遮阴降温 7℃ 左右；冬季可增加保温效果，降低能耗，提高能源的有效利用率，一般可提高室温 6~7℃。帘幕材料有多种形式，较常用的一种是采用塑料线编织而成的，并按保温和遮阳的不同要求，嵌入不同比例的铝箔。帘幕开闭是由机械驱动机构来完成的。

（六）计算机环境测量和控制系统

计算机环境测控系统是现代化日光温室最重要的特征，能创造符合作物生育要求的生态环境，从而获得高产、优质的产品。调节和控制的气候目标参数包括温度、湿度、二氧化碳浓度和光照等。针对不同的气候目标参数，须采用不同的控制设备。

（七）灌溉和施肥系统

完善的灌溉和施肥系统通常包括水源、储水及供给设施、水处理设施、灌溉和施肥设施、田间网络、灌水器（滴头、喷头等）等。土壤栽培时，作物根区土层下需铺设暗管，以利于排水；基质栽培中，可采取肥水回收装置，将多余的肥水收集起来，重复利用或排放到温室外面。

此外，大型连栋现代化温室还装备有二氧化碳气肥装置等。

第三节　机械设备

一、土壤作业设备

设施内耕地作业包括在收获后或新建的设施地上进行的翻土、松土、覆埋杂草或肥料等项目。其主要目的：通过机械对土壤的耕翻，把前茬作物的残茬和失去团粒结构的表层土壤翻埋下去，而将耕层下层未经破坏的土壤翻上来，以恢复土壤的团粒结构；通过对土层的翻转，可将地表肥料、杂草、残茬连同表层的虫卵、病菌、草籽等一起翻埋到沟底，达到消灭杂草和病虫害的作用；机械对土层翻转具有破碎土块、疏松土壤、积蓄水分和养分的作用，为播种（或栽植）准备好播种床，并为种子发芽和农作物生长创造良好条件，且有利于作物根系的生长发育；通过对耕层下部进行深松，还可起到蓄水保墒、增厚耕层的效果。

设施内耕地的农艺要求：土壤松碎，地表平整；不漏耕、不重耕，耕后地表残茬、杂草和肥料应能被充分覆盖；对设施内空气污染小；机械不能损坏温室设施，并保证耕深均匀一致。耕后土壤应疏松破碎，以利于蓄水保肥。春播蔬菜的耕地作业，要求耕深在 25 厘米以上。夏播蔬菜耕整作业时，要求耕后地表平整，土壤细碎，耕深 18~25 厘米。种植秋菜垄作作物，耕地要求和春播菜田相同。起垄由蔬菜起垄播种机直接完成，一般垄高 2~5 厘米，垄距 50~60 厘米。采用机械耕地碎土质量≥98%、耕深稳定性≥90%。

受设施内空间大小的限制，设施耕整机械的机身及其动力都比较小，重量轻，转弯灵活，操作方便，动力一般在 2.2 千瓦左右。常用的设施内耕整机械主要是旋耕机。一般的小型旋耕机又可分成带驱动轮行走式和不带驱动轮行走式两种，国外多使用有驱动轮式，而我国则主要使用后者。

我国常用的旋耕机能一次完成耕、耙、平作业，对杂草、残茬的切碎能力强，作业后土壤松碎、齐整，但消耗能源多、工效低、耕深浅、覆盖性能较差，对土壤结构的破坏比较严重。

随着我国农业产业结构不断调整，设施农业生产水平的进一步提高，国内也相继出现了很多适于设施内作业的微型旋耕机。例如，武汉好佳园 1GW4（178 型）旋耕机，是一种手扶自走式耕作机械。整机主要部件如刀筒、支臂、固定架等都采用精密铸造工艺而成，比普遍采用的焊接件要坚固耐用许多。挡泥板是1.8 毫米厚的钢板，不易变形。挡泥板骨架是用钢管弯曲一次成型的，安装简便、坚固抗撞。整机重 108 千克，功率为 5 千瓦。耕幅 80~105 厘米，耕深 15~30 厘米。每小时可耕作 1~3 亩，油耗 0.8 千克/时。这种微型耕作机特点是体积小、重量轻，全齿轮转动。产品小巧灵活，操作简单，动力指标先进，使用维修方便，适合于大棚蔬菜、果园等的耕作，特别是狭窄田头、尖小地角等大机械无法耕作的地方。

二、种植设备

设施园艺中的种植设备主要是指移栽机。移栽机所移栽的秧苗种类有裸苗、钵苗和纸筒苗等，其中裸苗难以实现自动供秧，基本上是手工喂秧。而钵苗，由于采用穴盘供秧，较容易实现机械化自动喂秧。

移栽机的种类很多，按秧苗的种类可分为裸苗移栽机和钵苗移栽机；按自动化程度可以分为简易移栽机、半自动移栽机和全自动移栽机；按栽植器类型可以分为钳夹式移栽机、导苗管式移栽机、吊杯式移栽机、挠性圆盘式移栽机、带式移栽机等。

（一）钳夹式移栽机

钳夹式移栽机有圆盘钳夹式和链条钳夹式两种。钳夹式移栽机主要由钳夹式栽植部件、开沟器、覆土镇压轮、传动机构及机架等部分组成。工作时，一般由人工将秧苗放在转动的钳夹上，秧苗被夹持并随栽植盘转动，到达开沟器开出的苗沟时，钳夹在滑道开关控制下打开，秧苗依靠重力落入苗沟内，然后覆土镇压轮进行覆土镇压，完成栽植过程。钳夹式移栽机的主要优点是结构简单、株距和栽植深度稳定，适合栽植裸根苗和钵苗；缺点是栽植速度慢，株距调整困难，钳夹容易伤苗，栽植频率低，一般为30株/分。

（二）导苗管式移栽机

导苗管式移栽机主要工作部件由喂入器、导苗管、栅条式扶苗器、开沟器、覆土镇压轮、苗架等组成，采用单组传动。工作时，由人工将秧苗投入喂入器的喂苗筒内，通过喂苗筒转到导苗管的上方时，喂苗筒下面的活门打开，秧苗靠重力下落到导苗管内，通过倾斜的导苗管将秧苗引入开沟器开出的苗沟内，在栅条式扶苗器的扶持下，秧苗呈直立状态，然后在开沟器和覆土镇压轮之间所形成的覆土流的作用下，进行覆土镇压，完成栽植过程。

由于秧苗在导苗管中的运动是自由的，在调整导苗管倾角和增加扶苗装置的状况下，可以保证较好的秧苗直立度、株距均匀性、深度稳定性，栽植频率一般在 60 株/分。但结构相对复杂，成本较高。

（三）吊杯式移栽机

吊杯式移栽机主要适合于栽植钵苗，它由偏心圆环、吊杯、导轨等工作部件构成。吊杯式栽植器的原理：工作时，由驱动轮驱动栽植器圆盘转动，吊杯与地面保持垂直，并随圆盘转动，当吊杯转到上面时，由人工将秧苗喂入吊杯中，当吊杯转动到下面预定位置时，吊杯上的滚轮与导轨接触，将吊杯鸭嘴打开，秧苗自由落入开沟器开出的沟内，随机由覆土器覆土，镇压轮从秧苗两侧将覆盖土壤镇压，完成栽植过程。吊杯离开导轨后，吊杯鸭嘴关闭，等待下一次喂苗。由于吊杯对秧苗不施加强制夹持力，吊杯式栽植器适宜于柔嫩秧苗及大钵秧苗的移栽，吊杯在投放秧苗的过程中对秧苗起扶持作用，有利于秧苗直立，可进行膜上打孔移栽。

（四）挠性圆盘式移栽机

挠性圆盘式移栽机主要有机架、供秧传送带、开沟器、栽植器、镇压轮、苗箱以及传送系统组成，挠性圆盘一般是由两个橡胶圆盘或橡胶-金属圆盘构成。工作时，开沟器开沟，由人工将秧苗一株一株地放到输送带上，秧苗呈水平状态，当秧苗被输送到两个张开的挠性圆盘中间时，弹性滚轮将挠性圆盘压合在一起，秧苗被夹住并向下转动，当秧苗处于与地面垂直的位置时，挠性圆盘脱离弹性滚轮，自动张开，秧苗落入沟内，此时土壤正好从开沟器的尾部流回到沟内，将秧苗扶持住，镇压轮将秧苗两侧的土壤压实，完成栽植过程。

（五）带式移栽机

带式移栽机由水平传送带和倾斜输送带组成，两带的运动速度不同，钵苗在水平输送带上直立前进，在带末端反倒在倾斜输送带上，运动到倾斜带的末端，钵苗翻转直立落到苗沟中。这种栽植器结构简单，栽植频率高达 4 株/秒，但是，在工作可靠性、栽植质量方面需要进一步改进。

三、植保与土壤消毒设备

（一）植保设备

目前，温室内常用的植保设备是喷雾机，可分为两大类：人力机具与机动机具。人力机具有手动背负式喷雾器、手动压缩式喷雾器、手动踏板式喷雾器、手摇喷粉器等。机动机具有背负式机动喷雾喷粉机、担架式机动喷雾机、喷杆式喷雾机、风送式喷雾机、热烟雾机、常温烟雾机等。

另外，臭氧消毒机、硫黄熏蒸器、频振杀虫灯等新型植保设备也在部分温室中被采用。

（二）土壤消毒设备

土壤消毒机械是以物理或化学方法对土壤进行处理，以消除线虫或其他病菌的危害，达到增产效果的装备。化学土壤消毒机是向土壤注射药液的器械，它能在一定压力下定量地将所需药液注射到一定深度的土壤中，并使其气化扩散，起到对土壤消毒的目的。目前有人力式和机动式两种类型，人力式土壤消毒机适用于小面积的土壤消毒。机动式土壤消毒机有棒杆点注式和凿刀条注式两种，前者使用较多。

四、节水灌溉设备

（一）节水灌溉的类型

我国现有温室大棚绝大多数采用传统的沟畦灌，水的利用率只有40%，且增加棚室内的空气湿度，不利于设施生产。设施生产应采用管道输水或膜下灌溉，以降低空气湿度，最好采用滴灌技术。近些年来，我国改进和研制出了一些新的滴灌设备，如内镶式滴灌管、薄壁式孔口滴灌带、压力补偿式滴头、折射式和旋转式微喷头、过滤器、施肥罐及各种规格的滴、微喷灌主支管等，可以实现灌水与施肥结合进行。

节水灌溉可以按不同的方法分类，按所用的设备（主要是灌水器）及出流形式不同，主要有滴灌、喷灌、渗灌、潮汐灌溉等。它与传统的漫灌方式相比，主要优点表现在：节约用水50%以上，降低棚内空气湿度，抑制土壤板结，保持土壤透气性，避免冬季浇水造成的地温下降，杜绝了靠灌溉水传播的病菌。同时可以通过灌溉追肥施药，省工省力。

1. 滴灌

滴灌利用安装在末级管道（称为毛管）上的滴头，或与毛管制成一体的滴灌带将压力水以水滴状湿润土壤，在灌水器流量较大时，形成连续细小水流湿润土壤。通常将毛管和灌水器放在地面，也可以把毛管和灌水器埋入地面以下30~40厘米。前者称为地表滴灌，后者称为地下滴灌。滴灌灌水器的流量为2~12升/时。滴灌系统由取水枢纽及输配水系统两大部分组成。取水枢纽包括水泵、动力机、化肥罐、过滤器及压力表、流量计、流量调节器、调节阀等。输配水系统包括干管、支管、毛细管和滴头等。滴灌系统由于安装简单、一次性投入小而被普遍采用。

2. 喷灌

喷灌技术是用微小的喷头，借助于由输、配水管到温室内最末级管道以及其上安装的微喷头，将压力水均匀而准确地喷洒在每株植物的枝叶上或植物根系周围的土壤（或基质）表面的灌水形式。喷灌技术可以是局部灌溉，也可以进行全面灌溉。依据喷洒方向不同，喷灌技术又可分为悬吊式向下喷洒、插杆式向上喷洒和多孔管道喷灌等形式。喷头有固定式和旋转式两种。前者喷射范围小，水滴小；后者喷射范围较大，水滴也大些，故安装的间距也大。喷头的流量通常为 20～250 升/时。

3. 渗灌

渗灌利用一种特别的渗水毛管埋入地表以下 30～40 厘米，压力水通过渗水毛管管壁的毛细孔以渗流的形式湿润其周围土壤。由于它能减少土壤表面蒸发，是用水量最省的一种微灌技术。渗灌毛管的流量为 2～3 升/（时·米）。渗灌系统是利用全封闭式管道，将作物所需要的水分、空气、肥料通过埋入地下的渗灌管，以与作物吸收相平衡的速度缓慢渗出并直接作用到作物根系的系统。渗灌系统包括水源、控制首部、输配水管网、渗灌管 4 部分。

4. 潮汐灌溉

潮汐灌溉是一种高效、节水、环保的灌溉技术，适用于各种盆栽植物的生长和管理，可有效改善水资源和营养液。潮汐灌溉就是将灌溉水像"潮起潮落"一样循环往复地不断地向作物根系供水的一种方法。"潮起"时栽培基质部分淹没，作物根系吸水；"潮落"时栽培基质排水，作物根系更多地吸收空气。这种方法很好地解决了灌溉与供氧的矛盾，基本不破坏基质的"三相"构成。

潮汐灌溉适用于具有防水功能的水泥地面上的地面盆花栽培

或具有防水功能的栽培床或栽培槽栽培。潮汐灌溉如同大水漫灌一样，在地面或栽培床（槽）的一端供水，水流经过整个栽培面后从末端排出。常规的潮汐灌溉水面基本为平面，水流从供水端开始向排水端流动的过程中，靠近供水端的花盆接触灌溉水的时间较长，而接近排水端的花盆接触灌溉水的时间相对较短，客观上形成了前后花盆灌溉水量的不同，为了克服潮汐灌溉的这一缺点，工程师们对栽培床做了改进，即在栽培床或地面上增加纵横交错的凹槽，使灌溉水先进入凹槽流动，待所有凹槽都充满灌溉水后，所有花盆同时接受灌溉。

（二）温室自动灌溉施肥控制系统

温室自动灌溉施肥控制系统可以根据农作物种植土壤需水信息，利用自动控制技术进行农作物灌溉施肥的适时、适量控制，在灌水的同时，还可以控制施放可溶性肥料或农药，可将多个控制器与一台装有灌溉专家系统的 PC 计算机（上位机）连接，实现大规模工业化农业生产。系统由 PC 计算机（上位机）、自动控制灌溉系统（下位机）、数据采集传感器、控制程序和温室灌溉自动控制专家系统软件等构成。

五、保温覆盖材料

覆盖材料依其功能主要分为采光材料、内覆盖材料和外覆盖材料三大部分。选择标准主要有保温性、采光性、流滴性、使用寿命、强度和成本等，其中保温性为首要指标。

（一）采光材料

采光材料主要有玻璃、塑料薄膜、乙烯-乙酸乙烯共聚物（EVA）和聚烯烃（PV）薄膜等。北方设施栽培多选择无滴保温多功能膜，通常厚度在 0.08~0.12 毫米。

1. 聚乙烯（PE）长寿无滴膜

质地（密度 0.92 千克/米³）柔软、易造型、透光性好、无毒、防老化、寿命长，有良好的流滴性和耐酸碱盐性，是温室比较理想的覆盖材料，缺点是耐候性和保温性差，不易粘接，不宜在严寒地区使用。

2. 聚氯乙烯共聚物（PVC）长寿无滴膜

PVC 长寿无滴膜的均匀性和持久性都好于 PE 长寿无滴膜，保温性、透光性能好，柔软、易造型，适合在寒冷地区使用。缺点是：薄膜密度大（1.3 千克/厘米³），成本较高；耐候性差，低温下变硬脆化，高温下易软化松弛；助剂析出后，膜面吸尘，影响透光；残膜不可降解和燃烧处理；经过高温季节后透光率下降 50%。

3. 乙烯-乙酸乙烯共聚物（EVA）多功能复合膜

属三层共挤的一种高透明、高效能的新型塑料薄膜。流滴性得到改善，透明度高，保温性强，直射光透过率显著提高。连续使用 2 年以上，老化前不变形，用后可方便回收，不易造成土壤或环境污染。缺点是保温性能在高寒地区不如 PVC 薄膜。

4. 聚烯烃（PV）薄膜

由 PE 和 EVA 多层复合而成的新型温室覆盖薄膜，该膜综合了 PE 和 EVA 的优点，强度大、抗老化性能好、透光率高，燃烧处理时也不会散发有害气体。

（二）内覆盖材料

主要包括遮阳网和无纺布等。

1. 遮阳网

用聚乙烯树脂加入耐老化助剂拉伸后编织而成，有黑色和灰色等不同颜色。有遮阳降温、防雨、防虫等效果，可作临时性保温防寒材料。

2. 无纺布

由聚乙烯、聚丙烯等纤维材料不经纺织而通过热压而成的一种轻型覆盖材料，多用于设施内双层保温。

(三) 外覆盖材料

包括草苫、纸被、棉被、保温毯和化纤保温被等。

1. 草苫

保温效果可达 5~6℃，取材方便，制造简单，成本低廉。

2. 纸被

在寒冷地区和季节，为进一步提高设施内的防寒保温效果，可在草苫下增盖纸被。纸被是由 4 层旧水泥纸或 6 层牛皮纸缝制而成的与草苫相同宽度的保温覆盖材料。

3. 棉被

用旧棉絮及包装布等缝制而成，特点是质轻、蓄热保温性好，强于草苫和纸被，在高寒地区保温力可达 10℃ 以上，但在冬春季节多雨雪地区不宜大面积应用。

4. 保温毯和化纤保温被

在国外的设施栽培中，为提高冬春季节的保温效果及防寒效果，在小棚上覆盖腈纶棉、尼龙丝等化纤下脚料纺织成的"化纤保温毯"，保温效果好、耐久。我国目前开发的保温被有多种类型，有的是用耐寒防水的尼龙布作外层、用阻隔红外线的保温材料作内层，中间夹置腈纶棉等化纤保温材料缝制而成；有的用 PE 膜作防水保护层，外加网状拉力层增加拉力，然后通过热复合挤压成型将保温被连为整体。这类保温材料具有质轻、保温、耐寒、防雨、使用方便等特点，可使用 6~7 年，用于温室、节能型日光温室，是代替草苫的新型防寒保温材料，但一次性投入相对较大。

第三章

现代设施园艺技术

第一节　设施园艺环境调控

园艺设施为植物生长提供了有利的基础条件，但是其内的环境条件并不能完全满足园艺植物生长发育的需要，因此，必须对设施内的环境进行调控，使之满足植物各生育时期的要求，才能提高园艺植物的产量和质量，达到高产高效的目标。在诸多设施环境因子中，温度、光照、气体、湿度、土壤环境等对植物生长发育的影响尤为重要。

一、温度调控

温度是设施环境管理的关键问题之一，做好设施内的越冬温度和度夏温度的调节，保证设施植物的安全越冬和安全度夏，就可以减少园艺植物的季节性损失。

（一）降温调控

夏季日照强烈、气温高，设施内温度往往升至40℃以上，对园艺植物的生长发育极为不利，因此，夏季设施内降温工作不可忽视。设施内夏季降温的常用措施主要有以下3种。

1. 通风降温

温室的自然通风主要是靠顶开窗来实现的，让热空气从顶部散出。简易温室和日光温室一般用人工掀起部分塑料薄膜进行通风，还利用排风扇作为换气的主要动力，强制通风降温。排风扇一般和水帘结合使用，组成水帘-风扇降温系统。当强制通风不能达到降温目的时，水帘开启，启动水帘降温。通风除可降温外，还可降低设施内湿度、补充二氧化碳气体、排除室内有害气体。

2. 蒸发降温

利用水蒸发吸热来降温，同时提高空气的湿度。蒸发降温过程中必须保证温室内外空气流动，将温室内高温、高湿的气体排出温室并补充新鲜空气，因此必须采用强制通风的方法。高温高湿的条件下，蒸发降温的效率会降低。还可以采用喷雾降温，直接将水以雾状喷在温室的空中，雾粒直径非常小，只有 50～90 微米，可在空气中直接汽化，雾滴不落到地面。雾粒汽化时吸收热量，降低温室温度，降温速度快、蒸发效率高、温度分布均匀，是蒸发降温的最好形式。

3. 遮阳网降温

遮阳网（具一定透光率）可减少进入温室内的太阳辐射，起到降温效果。遮阳网还可以防止在夏季强光、高温条件下一些阴生植物叶片灼伤，缓解强光对植物光合作用造成的光抑制。遮阳网遮光率的变化范围为 25%～75%，与网的颜色、网孔大小和纤维线粗细有关。遮阳网的形式多种多样，目前常用的遮阳网，主要由黑色或银灰色的聚乙烯制成，对阳光的反射率较低，遮光率为 45%～85%。

（二）保温和加温系统

通常情况下，温室通过覆盖材料散失的热量损失占总散热量的 70%，通风换气及冷风渗透造成的热量损失占 20%，通过地下传出的热量损失占 10% 以下。因此，提高温室保温性途径主要是增加温室围护结构的热阻，减少通风换气及冷风渗透。

生产中使用的加温方式主要有热水加温、热风加温、电加温等。

1. 热水加温

热水加温系统由热水锅炉、供热管道和散热设备 3 个基本部分组成。热水加温系统运行稳定可靠，是玻璃温室目前最常用的加温方式。其优点是温室内温度稳定、均匀，系统热惯性大，温室采暖系统发生紧急故障而临时停止供暖时，2 小时内不会对作物造成大的影响。其缺点是系统复杂、设备多、造价高，设备一次性投资较大。

2. 热风加温

热风加温系统由热源、空气换热器、风机和送风管道组成。热风加温系统的热源可以是燃油、燃气、燃煤装置或电加温器，也可以是热水或蒸汽。为了使热风在温室内均匀分布，由通风机将热空气送入均匀分布在温室中的通风管。通风管由开孔的聚乙烯薄膜或布制成，沿温室长度布置。通风管重量轻，布置灵活且易于安装。

热风加温系统的优点是温度分布均匀，热惯性小，易于实现快速温度调节，设备投资少。其缺点是运行费用高，温室较长时，风机单侧送风压力不够，造成温度分布不均匀。

3. 电加温

较常见的电加温方式是将电热线埋在苗床或扦插床下面，用以提高地温，主要用于温室育苗。电加温系统还用于热风供暖系统。

二、光照管理

光照管理是设施园艺中仅次于热环境调控的另一重要措施。设施栽培的植物有些种类要求较强的光照；有些长日照植物，要求进行光周期补光；有些种类要求给予一定的遮阴才能生长良好。因此，光照管理一般从补光和遮光两方面实施。

（一）补光措施

补光的目的一是延长光照时间；二是在自然光照强度较弱时，补充一定的光照，以促进植物生长发育，提高产量和品质。

1. 反射补光

在单屋面温室后墙悬挂反光膜可改善温室的光照条件。反光膜一般幅宽为 1.5~2.0 米，长度随室温长度而定。该技术可改善温室内北部 3 米范围内的光照和温度条件。使用时应与北墙蓄热过程统筹考虑。

2. 低强度补光

低强度补光是为满足感光作物光周期需要而进行的补光措施。补光强度仅需 22~45 勒克斯，目的是通过缩短黑暗时间，达到改变作物发育速度的目的。

3. 高强度补光

高强度补光是为作物进行光合作用而实施的补光措施。一般情况下在室内光照<3 000 勒克斯时，可采用人工补光。

国内对镝灯（生物效能灯）、高压钠灯、金属卤化灯 3 种光源测定结果表明，镝灯补光效果最好，其光谱能量分布接近日光，光通量较高（70 勒克斯/瓦）。按照每 4 平方米安装 1 盏 400 瓦镝灯的规格，补光系统可在阴天使光强增加到 4 000~5 000 勒克斯，比叶菜类作物光补偿点高出一倍左右。

高压钠灯理论上光通量很大（100 勒克斯/瓦），但实际测试结果远不如镝灯，同样安装密度条件下，400 瓦钠灯下垂直 1 米处，光强从 2 200 勒克斯提高到 3 200 勒克斯（镝灯可提高到 5 000 勒克斯）。此外，钠灯偏近红外线的光谱能量的比例较大，色泽刺眼，不便于灯下操作。

金属卤化灯是近年发展起来的新型光源，理论发光效率较高，但测定结果不如钠灯，且聚焦太集中，不适合作为温室补光之用。

4. LED 灯补光

LED 补光灯是新一代照明光源发光二极管，是一种低能耗人工光源。与目前普遍使用的高压钠灯和荧光灯相比，LED 具有光电转换效率高、使用直流电、体积小、寿命长、耗能低、波长固定、热辐射低、环保等优点。LED 光量、光质（各种波段光的比例等）可以根据植物生长的需要精确调整，并因其冷光性可近距离照射植物，使栽培层数和空间利用率提高，从而实现传统光源无法替代的节能、环保和空间高效利用等功能。基于这些优点，LED 灯被成功应用于设施园艺照明、可控环境基础研究、植物组织培养、植物工厂化育苗及航天生态系统等。近年来，LED 补光灯的性能不断提高、价格逐渐下降，各类特定波长的产品逐渐被开发，其在农业与生物领域的应用范围将会更加广阔。

（二）遮光措施

通过使用遮光幕可以缩短日照时间。用完全不透光的材料铺设在设施顶部和四周，或覆盖在植物外围的简易棚架的四周，严密搭接，为植物临时创造一个完全黑暗的环境。常用的遮光幕有黑布、黑色塑料薄膜两种，现在也常使用一种一面白色反光、一面为黑色的双层结构的遮光幕。

三、气体调控

由于栽培设施内长期处于密闭状态，通风换气受到制约，设施内的大量二氧化碳消耗之后得不到及时补充，严重影响了光合作用的正常进行。因此，对栽培设施内增施二氧化碳气肥，可促进园艺作物的生长和发育进程，增加产量，提高品质，促进扦插生根，促进移栽成活，还可增强园艺植物对不良环境条件的抗性，已经成为温室生产中的一项重要栽培管理措施。

目前，蔬菜生产中多采用化学反应产生二氧化碳或二氧化碳燃烧发生器等方法进行二氧化碳施肥，补充二氧化碳的时间，一般在晴天日出 0.5 小时后开始。

增施二氧化碳气体的设备有以下 3 种。

①烟气二氧化碳增施设备。通过二氧化碳增施设备，将煤炉烟囱中的二氧化碳气体提炼出来，通过管道释放到温室中。

②液化二氧化碳增施钢瓶。将乙醇厂、石化厂的副产品二氧化碳气体，压缩、液化到钢瓶中，通过管道释放到温室中。

③化学反应式二氧化碳增施设备。通过专用设备，将碳酸氢铵与 62% 稀硫酸混合反应，产生出的二氧化碳气体，通过管道释放到温室中。

四、空气湿度

通常情况下，温室的空气相对湿度偏高，特别是在冬季和雨季。相对湿度超过 85% 对园艺作物生长不利，一方面容易抑制作物的正常蒸腾和诱发真菌病害；另一方面易引起温室结露，降低温室的透光率。温室的排湿可借助于通风设施或通过升温来达到降低湿度的目的，还可以采用无土栽培的方法和地面覆盖来减少室内湿度。但在北方的春、夏季节和南方的夏、秋季节，则会出现相对湿度偏低的问题，易诱发病毒病和白粉病，对园艺作物的正常生长造成障碍。所以，温室内也必须增设微喷加湿设施，根据不同品种对湿度进行调节，把温室内的空气相对湿度白天控制在 60%~85%，夜间控制在 50%~70%，才能有利于多数园艺作物的正常生长。

五、土壤消毒

保护地设施的相对固定和保护地生产的多年连茬种植，常造成土壤和棚室中的病原菌、虫卵积累，尤其是一些土传病虫害连年发生，土壤消毒是控制土传病虫害的重要措施之一。棚室土壤消毒常用 3 种方法，即日光消毒、蒸汽消毒和药剂消毒。日光消毒，主要是封闭棚室后，利用夏季的自然高温来杀灭土壤病原菌和害虫虫卵；蒸汽消毒一般是将土壤用塑料膜或篷布盖严，然后利用金属管将蒸汽导入其中，使内部温度升至 80~85℃，并保持 2 小时，杀灭土壤中的病菌和害虫；药剂消毒常用 40%甲醛，配成 1∶50 的药液均匀撒拌土壤，用塑料薄膜覆盖 1 周后，掀掉薄膜，晾晒 3~4 小时，待甲醛挥发后便可种植。

第二节　工厂化育苗技术

一、工厂化育苗的概念

工厂化育苗是以先进的育苗设施和设备装备种苗生产车间，将现代生物技术、环境调控技术、施肥灌溉技术、信息管理技术贯穿种苗生产过程，以现代化、企业化的模式组织种苗生产和经营，从而实现种苗的规模化生产。

工厂化育苗与传统育苗相比，具有节省能源与资源、提高种苗生产效率、提高秧苗素质、商品种苗适于长距离运输、适合机械化移栽等显著优点。

二、工厂化育苗的设施

工厂化育苗以现代生物技术、环境调控技术、施肥灌溉技术、信息管理技术贯穿于种苗生产过程，现代化温室和先进的工程装备是工厂化育苗最重要的基础。育苗设施主要由育苗温室、播种车间、催芽室、控制室等组成。

（一）育苗温室

种子完成催芽后，即转入育苗温室中，直至炼苗、起苗、包装后进入种苗运输环节。育苗温室是幼苗绿化、生长发育和炼苗的主要场所，是工程化育苗的主要生产车间，育苗温室应满足种苗生长发育所需的温度、湿度、光照、水、肥等条件。育苗温室具有通风、帘幕、降温、加温系统及苗床、补光、水肥灌溉、自动控制系统等特殊设备。

（二）播种车间

播种车间是进行播种操作的主要场所，通常也作为成品种苗包装、运输的场所。播种车间一般由播种设备、催芽室、种苗温室控制室组成。播种车间的主要设备是播种流水线，或者用于播种的机械设备。播种车间一般与育苗温室相连接，但不影响温室的采光。播种车间还应该安装给排水设备。

（三）催芽室

催芽室多以密闭性、保温隔热性能良好的材料建造，常用材料为彩钢板。催芽室的设计为小单元的多室配置，每个单元以20平方米为宜，一般应设置3套以上，高度4米以上。催芽室的温度和相对湿度可调控和调节，一般要求相对湿度75%～90%、温度20～35℃、气流均匀度95%以上。主要设备有加温系统、加湿系统、风机、新风回风系统、补光系统以及微电脑自动控制器等。

催芽室的系统正常工作时温度、湿度达到设定范围时，系统自动停止工作，风机延时自动停止；温度、湿度偏离设定范围时，系统自动开启并工作。在设定湿度范围时，加湿器自动停止工作；加热器继续工作，风机继续工作。如风机、加湿器、加热器、新风回风系统等任何部位发生故障，报警提示，系统自动关闭。

(四) 控制室

控制室具有育苗环境控制和决策、数据采集处理、图像分析与处理等功能。育苗温室的环境控制由传感器、计算机、电源、配电柜和监控软件等组成，对加温、保温、降温、排湿、补光和微灌系统实施准确而有效的控制。

三、工厂化育苗的方式

(一) 穴盘育苗

穴盘育苗法是将种子直接播入装有营养基质的育苗穴盘内，在穴盘内培育成半成苗或成龄苗。这是现代蔬菜育苗技术发展到较高层次的一种育苗方法，它是在人工控制的最佳环境条件下，采用科学化、标准化技术措施，运用机械化、自动化手段，使蔬菜育苗实现快速、优质、高效率的大规模生产。因此，采用的设施也要求档次高、自动化程度高，通常是具有自动控温、控湿、通风装置的现代化温室或大棚，这种棚室空间大，适于机械化操作，装有自动滴灌、喷水、喷药等设备，并且从基质消毒（或种子处理）至出苗是程序化的自动流水线作业，还有自动控温的催芽室、幼苗绿化室等。

穴盘育苗的关键设备主要有基质消毒机、基质搅拌机、育苗穴盘、自动精播生产线装置、恒温催芽设备、育苗设施内的喷水系统、二氧化碳增施机等。以上设备是目前较高级的工厂化穴盘育苗所必备的。实践中可根据所具备的条件和财力，先选用其中一部分设备，以提高育苗效率和效益。

(二) 营养土块育苗

营养土块育苗采用设施的自控程度通常与钵、盘育苗法基本相同，不同的是将配合好的育苗基质直接制成育苗营养土块，而不是填钵、装盘；制成的营养土块内含有种子发芽所需的水分及幼苗生长的营养，播种覆土后不须立即浇水。营养土块育苗因为基质块体积较大，同样面积上的育苗数较少，采用机械嫁接有一定的困难，故多应用于无须嫁接或扦插育苗的作物。

（三）试管育苗

试管育苗不是用种子繁育秧苗，而是利用植物组织的再生能力培养成秧苗，运用营养钵进行快速繁殖扩大，因此，又称无性繁殖。

这种育苗方法对于难以得到种子的植物，或能结籽而种子量很少的植物以及属于营养繁殖植物的快速繁殖来说，是一种很好的方法。在试管内培养基上形成的幼苗极弱，移到试管外后需要在优良的环境条件下精细管理才能逐渐驯化成健壮的成龄苗。

（四）嫁接育苗

嫁接苗较有根苗能增强抗病性、抗逆性和肥水吸收性能，从而提高作物产量和品质。它在世界各国果树栽培中应用较普遍，目前，在欧洲，50%以上的黄瓜和甜瓜采用嫁接栽培。在日本和韩国，不论是大田栽培还是温室栽培，应用嫁接苗已成为瓜类和茄果类蔬菜高产稳产的重要技术措施，成为克服蔬菜连作障碍的主要手段，西瓜嫁接栽培比例超过95%，温室黄瓜占70%～85%，保护地或露地栽培番茄也正逐步推广应用嫁接苗，并且嫁接目的多样化。蔬菜嫁接的主要方法有靠接、插接、劈接、套管式嫁接、单子叶切除式嫁接、平面嫁接等。

（五）扦插育苗

扦插育苗是园艺植物无性繁殖的一种方法，将植物的叶、茎、根等部分剪下，插入可发根的基质中，使其生根成为新株。新植株具有与母株相同的遗传性状，同时可大量繁苗，提早开花。宿根草花、观叶植物、多肉植物、木本植物，常用此育苗法。主要有基尖扦插、茎段扦插、叶插和叶芽扦插等方法。

第三节　无土栽培技术

一、无土栽培的概念

无土栽培是一种不用天然土壤而采用含有植物生长发育必需元素的其他物质来培养植物，使植物正常完成整个生命周期的栽培技术，包括水培、雾（气）培、基质栽培。无土栽培一般可种植蔬菜、花卉、水果、烟叶等农作物。无土栽培中营养液成分易于控制，而且可以随时调节。在光照、温度适宜而没有土壤的地方，如沙漠、海滩、荒岛，只要有一定量的淡水供应，便可进行。大都市的近郊和家庭也可用无土栽培法种植蔬菜、花卉。无土栽培可以用来栽培蔬菜，这样栽培出来的蔬菜所受污染少。

当前无土栽培在我国渐渐成为一种时尚，成为城市绿化及构建居民私家菜园的重要生态元素。它的推广运用对城市可持续发展及生态文明构建起到重要的推动作用，也为城市居民的健康生活提供重要载体。

二、无土栽培的分类

无土栽培的分类方式有很多种，比较通用的分类方式是依其栽培床是否用固体的基质材料，将其分为固体基质无土栽培和非固体基质无土栽培两大类型，进而根据栽培技术、设施结构和固定植株根系的材料不同又可分为多种类型。

（一）固体基质无土栽培

固体基质无土栽培简称基质培，是以非土壤的固体基质材料为栽培基质固定作物，并通过浇灌营养液或施用固态肥和浇灌清水供应作物生长发育所需的养分和水分，进行作物栽培的一种形式。基质培具有性能稳定、设备简单、投资较少、管理容易的优点，有较好的经济效益，目前我国大部分地区的无土栽培都采用基质培。

固体基质的分类方式很多，按基质的组成可以分为无机基质、有机基质（树皮、泥炭、蔗渣、稻壳等）、化学合成基质（泡沫塑料）；按基质的来源可以分为天然基质和人工合成基质两类，如沙、石砾等为天然基质，而岩棉、泡沫塑料、多孔陶粒等为人工合成基质；按基质的性质可以分为活性基质和惰性基质两类，如泥炭、蛭石等为活性基质，沙、石砾、岩棉、泡沫塑料等本身既不含养分也不具有盐基交换量的为惰性基质；按基质使用时组分的不同，可以分为单一基质和复合基质两类，生产上为了克服单一基质可能造成的容重过轻或过重、通气不良或过盛等弊病，常将几种基质按一定比例混合制成复合基质来使用。

基质培可根据选用的基质不同分为不同类型，以有机基质为栽培基质的称为有机基质培，而岩棉培、沙培、砾培等以无机基质为栽培基质的称为无机基质培。根据栽培形式的不同可分为槽式基质培、袋式基质培、盆（钵）基质培、岩棉培、立体栽培等。

1. 槽式基质培

槽式基质培是将栽培用的固体基质装入种植槽中来栽培作物的方法，一般有机基质培和容量较大的重基质（如沙、石砾）培多采用槽式基质培。装置由栽培槽（床）、贮液池、供液管、泵和时间控制器等组成。多采用砖或水泥板筑成的水泥槽，内侧涂以惰性涂料，以防止弱酸性营养液的腐蚀，也可用涂沥青的木板建造，制成永久或半永久性槽。槽的宽度为 80～100 厘米，两侧深 15 厘米，中央深 20 厘米，横底呈"V"形，横底铺双层 0.2 毫米厚黑色聚乙烯塑料薄膜，以防止渗漏并使基质与土壤隔离。槽底伸向地下贮液池的一方，有轻微的坡降，一般为 1：400。槽长因栽培作物、灌溉能力、设施结构等而异，宜在 30 米以内，太长会影响营养液的排灌速度。将基质混匀后立即装入槽中，铺设滴液管，开始栽培。

2. 袋式基质培

袋式基质培是将栽培用的泥炭、珍珠岩、树皮、锯木屑等轻型固体基质装入塑料袋中，排列放置于地面并供给营养液进行作物栽培的方式，简称袋培。采用开放式滴灌法供液，简单实用。袋子通常由抗紫外线的聚乙烯薄膜制成，至少可使用 2 年，在高温季节或南方地区，塑料袋表面以白色为好，以便反射阳光，防止基质升温；相反，在低温季节或寒冷地区，则袋表面应以黑色为好，以利于吸收热量，保持袋中的基质温度。地面袋培又可分为开口筒式袋培和枕头式袋培 2 种方式。

在温室中排放栽培袋之前，整个地面要铺上乳白色或白色朝外的黑白双面塑料薄膜，将栽培袋与土壤隔离，防止土壤中病虫害侵袭，同时有助于增加室内的光照强度。定植结束后立即布设滴灌管，每株设 1 个滴头，袋的底部或两侧开 2~3 个直径为 0.5~1.0 厘米的小孔，使多余的营养液从孔中流出，防止积液沤根。

3. 盆（钵）基质培

盆（钵）基质培是在栽培盆（钵）中填充基质来栽培作物的方式。从盆（钵）的上部供营养液，下部设排液管，排出的营养液回收于贮液器内再利用，适用于小面积分散栽培园艺植物，如楼顶、阳台种植茄果类蔬菜、花卉、草莓、葡萄等。

4. 岩棉培

指用岩棉做基质，使作物在岩棉中扎根锚定、吸水吸肥、生长发育的无土栽培方式，通常将岩棉切成定型的长方形块，用塑料薄膜包成枕头袋状，称为岩棉种植垫，一般长 70~100 厘米，宽 15~30 厘米，高 7~10 厘米。放置岩棉垫时，要稍向一面倾斜，并朝倾斜方向把包岩棉的塑料袋钻 2~3 个排水孔，以便多余的营养液排除，防止沤根。种植时，将岩棉种植垫的面上薄膜割一小穴，种入带小苗的育苗块，后将滴液管固定到小岩棉块上，7~10 天后，作物根系开始插入岩棉垫，将滴管移至岩棉垫上，以保持根部干燥，减少病害。将许多岩棉种植垫集合在一起，配以灌溉、排水等装置，组成岩棉种植畦，即可进行大规模的生产。

岩棉培宜以滴灌方式供液，按营养液利用方式不同，可分为开放式岩棉培和循环式岩棉培两种。开放式岩棉培通过滴灌滴入岩棉种植垫内的营养液循环利用，多余部分从垫底流出而排到室外，其设施结构简单，施工容易，造价低，营养液灌溉均匀，管理方便，不会因营养液循环而导致病害蔓延，但营养液消耗较多，排出的废弃液会造成对环境的污染，目前我国岩棉培以此种方式为主。循环式岩棉培指营养液滴入岩棉后，多余流出的营养液通过回流管道，流回地下集液池中，再行循环使用，不会造成营养液的浪费及污染环境，但缺点是设计较开放式复杂，基本建设投资较高，容易传播根系病害。为了避免营养液排出对土壤的污染，保护环境，岩棉培朝着封闭循环方式发展。

岩棉培的基本装置包括栽培床、供液装置和排液装置，如采用循环供液，就无须排液装置。

5. 立体栽培

立体栽培是将固体基质装入长形袋状或柱状的立体容器之中，竖立排列于温室之中，容器四周螺旋状开孔来种植小株型园艺作物的方法。一般容重较小的轻基质如岩棉、蛭石、秸秆基质等适宜于立体栽培。立体栽培可以充分利用设施空间，因其高科技、新颖、美观等特点而成为休闲农业的首选项目。立体栽培包括柱状栽培和长袋状栽培两种形式。栽培柱或栽培袋在行内距约为80厘米，行间距约为1.2米。水和养分的供应利用安装在每个柱或袋顶部的灌溉系统进行，营养液从顶部灌入，多余的营养液从排水孔排出。

（二）非固体基质无土栽培

非固体基质无土栽培中，根系直接生长在营养液或含有营养成分的潮湿空气之中，根际环境中除了育苗时用固体基质外，一般不使用固体基质。非固体基质无土栽培可分为水培和雾培两种类型。

1. 水培

水培是指植物部分根系浸润生长在营养液中，而另一部分根系裸露在潮湿的空气中的一类无土栽培方法。根据营养液液层深度不同，水培可分为深液流水培技术、营养液膜技术等。

（1）深液流水培技术

深液流水培技术是最早应用于农作物商品化生产的无土栽培技术，现已成为一种管理方便、性能稳定，设施耐用、高效的无土栽培设施类型，在生产上应用较多，其特征为：种植槽及营养液液层较深，每株占有的液量较多，营养液的浓度、pH、溶存氧浓度、温度等变化幅度较小，可为根系生长提供相对较稳定的生长环境；植株悬挂于营养液的水平面上，根系浸没于营养液之中；营养液循环流动，既能提高营养液的溶存氧，又能消除根表有害代谢产物的局部积累和养分亏缺现象，还可促进沉淀物的重新溶解，因此，为根系提供了一个较稳定的生长环境，生产安全性较高。但是，植株悬挂栽植技术要求较高，深层营养液易缺氧，同时由于营养液量大、流动性强，导致水培设施需要较大的贮液池、坚固较深的栽培槽和较大功率的水泵，投资和运营成本相对较高。

深液流水培设施由盛栽营养液的种植槽、悬挂或固定植株的定植板、地下贮液池、营养液循环流动系统四大部分组成。

①种植槽。一般长 10~20 米，宽 60~90 厘米，槽内深度为 12~15 厘米，有用水泥预制板块加塑料薄膜构成的半固定式和水泥砖结构构成的永久式等形式。

②定植板。用硬泡沫聚苯乙烯板块制成，板厚 2~3 厘米，宽度与种植槽外沿宽度一致，可架在种植槽壁上。定植板面按株行距要求开定植孔，孔内嵌一只 7.5~8.0 厘米塑料定植杯，幼苗定植初期，根系未伸展出杯外。提高液面使其距杯底 1~2 厘米，但与定植板底面仍有 3~4 厘米空间，既可保证吸水吸肥，又有良好的通气环境。当根系扩展时伸出杯底，进入营养液，相应降低液面，使植株根茎露出液面，也解决了通气问题。

③地下贮液池。是为增加营养液缓冲能力，创造根系相对稳定的环境条件而设计的，取材可因地制宜，一般 1 000 平方米的温室需设 30 立方米左右的地下贮液池。

④营养液循环系统。包括供液管道、回流管道与水泵及定时控制器。所有管道均用硬质塑料管。每茬作物栽培完毕，全部循环管道内部须用 0.3%~0.5% 有效氯的次氯酸钠或次氯酸钙溶液循环流过 30 分钟，以彻底消毒。

（2）营养液膜技术

营养液膜技术（简称 NFT）是一种将植物种植在浅层流动的营养液中的水培方法，NFT 种植槽用轻质的塑料薄膜制成，设施结构简单，成本低，其液层浅，仅为 5~20 毫米深，作物根系一部分浸在浅层营养液中吸收营养，另外一部分则暴露于种植槽的湿气中，较好地解决了根系呼吸对氧的需求，但根际环境稳定性差，对管理人员的技术水平和设备的性能要求较高，且病害容易在整个系统中传播、蔓延，因此要求管理精细，目前，NFT 系统广泛应用于叶用莴苣、菠菜等速生型园艺植物生产。

营养液膜栽培设施主要由种植槽、贮液池、营养液循环流动装置和一些辅助设施组成。

①种植槽。按种植作物种类的不同可分为两类， 一类适用于大株型作物的种植，另一类适用于小株型作物的种植。大株型作物用的种植槽是用 0.1~0.2 毫米厚的面白里黑的聚乙烯薄膜临时围起来的薄膜三角形槽，槽长 10~25 米，槽底宽 25~30 厘米，槽高约 20 厘米。为了改善作物的吸水和通气状况，可在槽底部铺垫一层无纺布。小株型作物的种植槽可采用多行并排的密植种植槽，以玻璃钢或水泥制成的波纹瓦做槽底，波纹瓦的谷深 2.5~5.0 厘米，峰距 13~18 厘米，宽度 100~120 厘米，可种 6~8 行，槽长约 20 米，坡降 1：（70~100）。一般波纹瓦种植槽都架设在木架或金属架上，槽上加 1 块厚 2 厘米左右的有定植孔的硬泡膜塑料板做槽盖，使其不透光。

②贮液池。设于地平面以下，上覆盖板，以减少水分蒸发。贮液池容量以足够供应整个种植面积循环供液之需为宜，大株型作物一般每株 5 升，小株型作物每株 1 升。

③营养液循环流动系统。由水泵、管道及流量调节阀门等组成。水泵要严格选用耐腐蚀的自吸泵或潜水泵，水泵功率大小应与整个种植面积营养液循环流量相匹配。为防止腐蚀，管道均采用塑料管道，安装时要严格密封，最好采用嵌合的方式连接。

④其他辅助设施。主要有间歇供液定时器、电导率自控装置、pH 自控装置、营养液加温与冷却装置，以及防止一旦停电或水泵故障影响循环供液的安全报警装置等，可以减轻劳动强度，提高营养液调节水平。

2. 雾培

雾培又称喷雾培或气雾培，是指作物的根系悬挂生长在封闭、不透光的容器（槽、箱或床）内，营养液经特殊设备形成雾状，间歇喷到作物根系上，以提供作物生长所需的水分和养分的无土栽培技术。雾培以雾状营养液同时满足作物根系对水分、养分和氧气的需要，根系生长在潮湿的空气中比生长在营养液、固体基质或土壤中更易吸收氧气，它是所有无土栽培方式中根系水气矛盾解决得最好的一种形式。同时雾培易于自动化控制和进行立体栽培，提高温室空间的利用率。由于雾培设备投资大，管理不甚方便，而且根系温度易受气温影响，变幅较大，对控制设备要求较高。

三、无土栽培的关键技术

（一）设施设备的选择

应根据种植类型选择经济实用的设施设备。如基质栽培的椰糠条、岩棉条、泡沫槽、种植架等，水培的管道、泡沫槽、喷雾等。

（二）专用品种的选择

应选择优质、高效、高产、抗逆、耐热、耐弱光等专用品种。

（三）营养液管理

应根据种植作物类型科学地选择营养液配方，根据作物生长特性和气候特点科学精准地管理营养液浓度、酸碱度、含氧量等。

（四）病虫害综合防控

无土栽培的病虫害防控通常采用预防为主、综合防治的方法，以生物防治、物理防治为主，以化学防治为辅，综合治理。

第一节　瓜类设施栽培技术

一、黄瓜设施栽培技术

(一) 黄瓜设施土壤栽培技术

黄瓜喜温不耐高温,对低温弱光忍耐能力较强,管理相对容易,产量高,是我国各地区大棚和温室主栽类型之一。日光温室栽培的主要茬口为早春茬、秋冬茬和冬春茬;大棚栽培的茬口主要为春提早和秋延迟栽培,此外还有小拱棚覆盖春早熟栽培;现代温室多采用无土栽培进行一年春秋两茬栽培。设施黄瓜土壤栽培(图4-1)技术要点如下。

1. 品种选择

黄瓜设施栽培品种原则上选用耐低温弱光、雌花节位低、节成性好、生长势强、抗病虫性强、品质好、产量高的品种。目前生产上常用的品种有津冬68、津春4号、津优35、博耐18B、博耐4000等,以及由荷兰、以色列等国家引进的温室专用品种及"水果型"黄瓜品种。

2. 育苗

黄瓜设施栽培多采用育苗栽培,常采用穴盘、营养钵等护根育苗技术,有条件的地区应大力提倡嫁接育苗,可以提高抗性,

图4-1　黄瓜设施土壤栽培

特别是在重茬、土壤连作障碍严重的地区。

3. 定植

黄瓜根系易老化，应以小苗移栽为宜，定植时间根据不同茬口要求进行。增施有机肥，施肥量4 000~5 000 千克/亩，其中2/3普施，1/3施于定植沟中。增施有机肥可提高地温，促进根系生长，加强土壤养分供应，还可提高设施内二氧化碳浓度，保证黄瓜在低温季节生长发育正常。

定植密度一般为每亩定植3 000~4 500株，并根据不同栽培形式和栽培季节可进行适当调整。早熟栽培应适当密植，但过密则影响通风，易导致病害发生。采用垄作或高畦栽培。

4. 环境调控

①温度管理。定植初期保持较高温度，促进植株生长。开花

前应提高昼夜温差，促进植株营养生长，提高前期产量。生长前期（从开花到采收后第 4 周）的温度控制至关重要，产量与这一时期的温度直线相关。日平均温度在 15~23℃ 范围内，平均温度每升高 1℃，总产量提高 1.17 千克/米^2，因此这段时间宜尽量提高温度；生长后期（采收后第 4 周至结束）的温度控制不严格，对产量影响不大，可降低控制要求。

②光照管理。设施栽培多处于秋、冬、春季，光照弱是这一季节的气候特点，也是限制黄瓜产量和品质的重要环境因子，应重视改善环境内光照条件：选用长寿无滴、防雾功能膜，并经常清扫表面灰尘；在保证室内温度的前提下，温室外保温覆盖物如草苫应尽量早揭、晚盖；在日光温室北墙和山墙张挂镀铝反光膜，增强室内光强、改善光照分布；栽培上采用地膜覆盖和膜下灌水技术，降低温室内湿度；采用宽窄行定植，及时去掉侧枝、病叶和老叶，改善行间和植株下部的通风透光。

③湿度管理。湿度的控制主要通过通风和灌溉来实现。低温季节晴天应短时放风排湿，时间一般为 10~30 分钟，浇水后中午要放风排湿，低温季节一般只放顶风，春季气温升高后，可以同时放顶风、腰风，放风量大小及时间长短应根据黄瓜温度管理指标和室内外气温、风速及风向等的变化来决定。

④肥水管理。总的原则是少量多次，采收之前适量控制肥水，防止植株徒长，促进根系发育，增强植株的抗逆性。开始采收至盛果期以勤施少施为原则，一般自采收起第 3~5 天浇稀液肥 1 次，施肥量先轻后重，以氮磷钾复合肥为主，避免偏施氮肥，每次施肥量为每亩 10~30 千克。结果后期及时补充肥水，防止早衰。

⑤二氧化碳施肥。黄瓜生长盛期增施二氧化碳可增产 20%~25%，还可提高果实品质，增强植株抗性。通常在结果初期（在

定植后 30 天左右）进行，在日出后 30 分钟至换气前 2~3 小时内施二氧化碳气肥。

⑥植株调整。当黄瓜植株长到 15 厘米左右，具 4~5 片真叶时开始插架引蔓或吊蔓。在果实采收期及时摘除老叶和病叶、去除侧枝、摘除卷须、适当疏果，可以减少养分损失，改善通风透光条件。摘除老叶和侧枝、卷须应在晴天上午进行，有利于伤口快速愈合，减少病菌侵染；引蔓宜在下午进行，防止绑蔓时造成断蔓。越冬长季节栽培的生长期长达 9~10 个月，茎蔓不断生长，可长达 6~7 米，因此要及时落蔓、绕茎，将功能叶保持在最佳位置，以利光合作用。落蔓时要小心，不要折断茎蔓，落蔓前先要将下部老叶摘除干净。

5. 病虫害防治

黄瓜设施栽培的主要病害有猝倒病、霜霉病、疫病、细菌性角斑病、白粉病、炭疽病、枯萎病、病毒病等。病害以农业综合防治为主，做好种子和育苗基质消毒，增施有机肥，作高垄高畦，使用膜下滴灌技术，夏季土壤进行高温密封消毒，有条件的可选用嫁接苗，防止重茬并注意控制温室和大棚的温湿度。化学防治选用高效低毒农药，注意用药浓度、时间及方法，提倡使用粉尘剂和烟雾剂。

6. 采收

黄瓜以嫩果为产品器官，采收期的掌握对产量和品质影响很大。从播种至采收一般为 50~60 天。黄瓜必须适时采收，采摘太早，果实保水能力弱，货架寿命短；采摘太迟，则果实老化，品质差，而且大量消耗植株养分，使植株生长失衡，后期果实畸形或化瓜（刚坐下的小瓜或果实在膨大时中途停止，由瓜尖至全瓜逐渐变黄，干瘪，最后干枯，俗称化瓜）。尤其是根瓜应及早采收，结瓜初期 2~3 天采收 1 次，结瓜盛期 1~2 天采收 1 次。

（二）黄瓜设施袋式栽培技术

袋式栽培是无土栽培的一种类型，将无土栽培的固体基质（如草炭、蛭石等基质）填装到由尼龙布或者抗紫外线的聚乙烯塑料薄膜制成的栽培袋中，再将植株定植到栽培袋中，所需水肥由供液系统按需提供。袋式栽培便于肥水的控制，节约肥水；每个植株的根系都有自己的活动空间，根系舒展；一旦发生病害，病株比较容易清理；所用的基质全部经过消毒灭菌，本身无污染，生产的产品清洁卫生无污染；与非袋式无土栽培相比，空气相对湿度较低，有利于减轻霜霉病、白粉病等病害的发生，特别是在冬季。栽培袋一般分为筒式栽培袋和枕头式栽培袋两种。下面以设施黄瓜枕头式袋式栽培（图4-2）技术为例作简要介绍。

图4-2　黄瓜设施枕头式袋式栽培

1. 基质的准备和栽培袋的摆放

根据当地的实际情况，可选用稻壳、草炭、珍珠岩、蛭石、煤渣、菇渣、粉碎的秸秆等为栽培基质。

在栽培黄瓜前对栽培基质进行消毒处理，可以采用蒸汽消毒或者太阳能消毒。栽培袋规格可以是 25 厘米×40 厘米×20 厘米（长×宽×高）或 120 厘米×25 厘米×20 厘米（长×宽×高）。现在也有生产厂家专门生产处理好的基质袋，可以购买后直接种植。将混合好的基质装入基质栽培袋。封好袋后在底部离四角处 3~4 厘米打 2 个直径为 1~2 厘米的孔，用以排除多余的水分以防沤根。栽培袋沿着滴灌毛管两侧摆放，两个基质袋南北方向的间距为 20 厘米（以确保植株的株距为 40 厘米），在栽培袋南北方向中线位置上用刀片划两个 7~8 厘米长的"十"字口，"十"字中心点间距 40 厘米，防止水分过多发生沤根。

在温室或塑料大棚地面铺设白色或者黑色的无纺布，以防止黄瓜根系扎入土壤，感染土传病害。为保证采光和充分利用场地，一般基质袋南北摆放，大小行放置。

2. 播种育苗

适宜播种期采用穴盘基质育苗有利于避免土壤传病。将处理过露白的黄瓜种子进行播种育苗，每个穴盘 1 粒种子，然后用草炭土覆盖。

3. 定植

适时定植有利于黄瓜的高产，提早产瓜时间。待黄瓜幼苗的第 2 片真叶完全展开时定植。在高温季节一般在晴天的下午进行定植，低温季节可以在晴天上午定植。

定植前，将栽培袋内的基质浇透，并在栽培袋的顶部中间割长约 8 厘米的"十"字形切口，取出少量的基质。为提高成活率，减少缓苗时间，将黄瓜幼苗与育苗基质一起栽入"十"字形切口的栽培袋中，使育苗基质充分与栽培基质接触，为防止水分的过度散发，可在上面用不透光膜覆盖，定植后即进行滴灌浇水，防止幼苗失水萎蔫。

4. 定植后管理

（1）温、湿度管理

适宜的昼温为 22~27℃、夜温为 18~22℃，基质温度为 25℃，空气湿度保持在 80%左右。

（2）营养液的管理

定植后 3~5 天需配合滴灌人工浇营养液，每天上、下午各浇 1 次，每次 100~250 毫升/株。3~5 天后再滴灌供液，每天 3 次，每次 3~8 分钟，单株供水量为 0.5~1.5 升，最多 2 升，具体随天气及苗的长势而定。可选用日本山崎黄瓜配方，pH 为 5.6~6.2。如果栽培基质选用的是新的锯木屑，则定植到开花，营养液中应加硝酸铵 400 毫克/升以补充木屑被吸收的氮素；开花后，营养液的浓度应提高到 1.2~1.5 倍剂量；坐果后，营养液剂量继续提高，并另加磷酸二氢钾 30 毫克/升，电导率值维持在 2.4 毫西门子/厘米左右，如果营养生长过旺可降低硝酸钾的用量，加进硫酸钾以补充减少的钾量，加入量不超过 100 毫克/升；结果盛期，营养液电导率可以提高到 3.0 毫西门子/厘米。

（3）植株调整和果实采收

袋式基质栽培黄瓜的植株调整和果实采收与土壤栽培管理技术一致。

二、甜瓜设施栽培技术

设施甜瓜一般采用槽式栽培。槽式栽培（图 4-3）是将无土栽培的固体基质（如草炭、蛭石等基质）填装到由砖、木板、泡沫等材质制成的栽培种植槽内。种植槽的长度一般根据栽培设施的长度而定，栽培槽的宽度 48~90 厘米。

（一）栽培槽准备

在没有标准规格的成品栽培槽时，可用砖、水泥、混凝土、

图4-3 甜瓜设施槽式栽培

木板、泡沫等材料制作栽培槽。为了防止渗漏并使基质与土壤隔离，应在槽的底部铺1~2层0.1毫米厚塑料薄膜。栽培槽的内径宽度约为48厘米，槽深约15厘米。槽坡降不少于1：250，在槽的底部铺设粗炉渣等基质或一根多孔的排水管，以利于排水，增加透气性。

（二）滴灌系统

采用膜下滴灌装置，在设施内设置贮液（水）池或罐，通过水泵向植株供给营养液或清水。滴灌采用多孔的软壁管，一个栽培槽铺设1根软壁管，滴灌带上覆一层0.1毫米厚薄膜。

（三）育苗

采用50孔穴盘基质育苗。

（四）定植

当甜瓜幼苗具有3~4片真叶时即可定植。一般以晴天上午定植为宜。定植密度依品种、栽培地区、栽培季节和整枝方式而有所不同，设施内一般1 500~1 800株/亩。

(五) 定植后管理

1. 环境控制

定植后1周内，温室内应维持较高的气温，白天30℃左右，夜间18~20℃。为防止高温对植株的伤害，温室可适当增湿。开花坐果期，要求白天25~28℃、夜间15~18℃；果实膨大期，要求白天28~32℃、夜间15~18℃，保持13~15℃的昼夜温差直至果实采收。整个生育期要保持较高光强，特别是在坐果期、果实膨大期、成熟期。在保温的同时要加强通风换气，环境湿度控制在60%~70%。如有条件可增施二氧化碳气肥。

2. 营养液管理

营养液配方选用日本山崎甜瓜配方。定植至开花期、果实膨大期、成熟期至采收期的电导率值分别控制在2.0毫西门子/厘米、2.5毫西门子/厘米、2.8毫西门子/厘米。pH控制在6.0~6.8。定植后供液1~2次/天，每次根据植株大小按照0.5~2升/株的标准灌溉，原则是植株不缺素、不发生萎蔫，基质水分不饱和。晴天可适当降低营养液的浓度，阴雨天和低温季节可适当提高营养液浓度，一般1.2~1.4倍剂量为好。

3. 植株调整

甜瓜植株调整的方法主要有整枝、摘心和授粉。

①整枝与摘心。整枝、摘心可使植株间获得充分的光照，并达到调整植株体内养分分配的目的。整枝方式以单蔓整枝、子蔓结果为主。即当主蔓长到20~22片叶时进行摘心，选留10~15片叶之间的子蔓，将10片叶以下和15片叶以上的子蔓去掉，最后从结果子蔓中选留1个健壮坐果好的子蔓，其他立即摘除，留1~2片叶进行摘心。

②授粉。需用人工辅助授粉或利用熊蜂授粉。人工授粉在8：00—12：00进行。

（六）病虫害防治

甜瓜病害主要有蔓枯病、白粉病和霜霉病。

1. 蔓枯病

防治蔓枯病可提高茎蔓基部距地面高度，降低近地面处空气湿度，对栽培环境，特别是基质应彻底消毒，此外，还应注意育苗基质不连茬或采用抗病砧木进行嫁接换根等。发病前用40%百菌清悬浮剂、70%代森锰锌可湿性粉剂喷雾预防；发病后刮除病部，再用50%甲基硫菌灵可湿性粉剂或50%多菌灵可湿性粉剂加水调成糊状涂抹病部，均有较好预防效果。

2. 白粉病和霜霉病

主要为害叶部，影响叶片光合作用，进而造成品质和产量下降。霜霉病可用72%霜脲·锰锌可湿性粉剂1 000倍液、69%烯酰·锰锌可湿性粉剂1 000倍液喷雾防治；白粉病可用62.25%锰锌·腈菌唑可湿性粉剂800～1 000倍液、42%硫磺·多菌灵悬浮剂160～200倍液喷雾。

（七）采收

采收时间以清晨为好，用剪刀在瓜柄与瓜秧连接处的两侧各留3厘米剪断，形成"T"形。早晨采收的瓜含水量高，不耐运输，故远途运输的瓜宜在13：00—15：00采收。

三、西葫芦设施栽培技术

西葫芦别名美洲南瓜，一年生草本植物。西葫芦的根系发达，侧根多水平分布，分布直径1.5米左右，主要根群分布深度10～30厘米，主根入土深可达2米，吸收能力很强，较耐旱、耐瘠薄。西葫芦茎蔓生，中空，分长蔓和短蔓两种。长蔓性品种，

蔓长可达 4 米，较晚熟，抗热、抗寒力差。短蔓性品种，蔓长约
0.5 米，早熟，较耐低温。西葫芦是设施栽培（图 4-4）面积较
大的蔬菜种类之一，利用冬暖大棚生产，西葫芦上市正处于春节
及早春蔬菜少的供应阶段，其经济效益十分可观。

图 4-4　西葫芦设施栽培

（一）日光温室越冬西葫芦栽培技术

1. 品种选择

宜选择早熟、短蔓类型的品种，如早青一代、灰采尼、奇山
2 号等。

2. 播种育苗

①苗床准备。在大棚内建造苗床，苗床为平畦，宽约 1.2
米、深约 10 厘米。育苗用营养土可用肥沃大田土 6 份、腐熟有
机肥 4 份，混合过筛，再加入过磷酸钙 2 千克、草木灰 10 千克
（或氮、磷、钾复合肥 3 千克）、50% 多菌灵可湿性粉剂 80 克，
充分混合均匀。将配制好的营养土装入营养钵或纸袋中，再密排

在苗床上。

②播种期。越冬西葫芦播种期为 10 月上中旬。

③种子处理。每亩用种量 400~500 克。播种前将西葫芦种子在阳光下曝晒几小时（不要在水泥地面上）并精选，进行温汤浸种后催芽。

④播种。80%以上种子"出芽"时即可播种。播种时先在营养钵（或苗床）灌透水，水渗下后，每个营养钵中播 1~2 粒种子。播完后，覆土 1.5~2.0 厘米厚。

3. 苗期管理

①苗床管理。播种后，床面盖好地膜，并扣小拱棚；出土前温度控制在白天 28~30℃、夜间 16~20℃，促进出苗；幼苗出土时，及时揭去床面地膜，防止幼苗徒长或烫伤幼苗；出土后第一片真叶展开，苗床白天气温 20~25℃、夜间 10~15℃；第一片真叶形成后，保持白天 22~26℃、夜间 13~16℃。苗期干旱可浇小水，一般不追肥，但在叶片发黄时可进行叶面追肥；定植前 5 天，逐渐加大通风量，白天 20℃ 左右，夜间 10℃ 左右，降温炼苗。

②壮苗标准。茎粗壮，节间短，根系完整，叶色浓绿有光泽，叶柄较短，三叶一心，株型紧凑，苗龄 30 天左右。

4. 定植

①整地、施肥、做垄。每亩施用腐熟的优质有机肥 5~6 立方米，复合肥 50 千克，还可增施饼肥，每亩 150 千克。将肥料均匀撒于地面，深翻 30 厘米，耙平地面。施肥后，于 9 月下旬至 10 月上旬扣好塑料薄膜。定植前 15~20 天，用 45%百菌清烟剂每亩 1 千克熏烟，严密封闭大棚进行高温闷棚消毒 10 天左右。起垄种植方式有两种：一种方式是大小行种植，大行约 80 厘米，小行约 50 厘米，株距 45~50 厘米，每亩 2 000~2 300 株；另一

种方式是等行距种植，行距约 60 厘米，株距约 50 厘米，每亩栽植 2 200 株。按种植行距起垄，垄高 15~20 厘米。

②定植。从苗床仔细起苗，在垄中间按株距要求开沟或开穴，先放苗并埋入少量土固定根系，然后浇水，水渗下后覆土。栽植深度不要太深。定植后及时覆盖地膜。

5. 田间管理

（1）温度调控

缓苗阶段不通风，密闭以提高温度，促使早生根，早缓苗。棚温应保持白天 25~30℃、夜间 18~20℃，晴天中午棚温超过 30℃时，可利用顶窗少量通风。缓苗后棚温控制在白天 20~25℃、夜间 12~15℃，促进植株根系发育，有利于雌花分化和早坐瓜。坐瓜后，提高温度至白天 22~26℃、夜间 15~18℃，最低不低于 10℃，加大昼夜温差，有利于营养积累和瓜的膨大。

温度的调控措施主要有按时揭盖草苫、及时通风等。深冬季节，白天要充分利用阳光增温，夜间增加覆盖保温，可使用双层保温措施。清晨揭盖后及时擦净薄膜上的碎草、尘土，增加透光率。

2 月中旬以后，西葫芦处于采瓜的中后期，随着温度的升高和光照强度的增加，要做好通风降温工作。根据天气情况和具体设施条件等灵活掌握通风口的大小和通风时间的长短。原则上随着温度升高要逐渐加大通风量，延长通风时间。进入 4 月下旬以后，可加大通风，不使棚温高于 30℃。

（2）植株调整

①吊蔓。对半直立性品种，在植株有 8 片叶以上时要进行吊蔓与绑蔓。田间植株的生长往往高矮不一，要进行整蔓，扶弱抑强，使植株高矮一致，互不遮光。吊蔓、绑蔓时还要随时摘除主蔓上形成的侧芽。

②落蔓。瓜蔓高度较高时，随着下部果实的采收要及时落蔓，使植株及叶片分布均匀。落蔓时要摘除下部的老叶、黄叶。去老黄叶时，伤口要离主蔓远一些，防止病菌从伤口处侵染。

③保果。冬春季节气温低，传粉昆虫少，西葫芦无单性结实习性，常因授粉不良而造成落花或化瓜。因此，必须进行人工授粉或用防落素等激素处理才能保证坐瓜。方法是在9:00—10:00，摘取当日开放的雄花，去掉花冠，在雌花柱头上轻涂抹。还可用防落素等溶液涂抹在刚开的雌花花柄上。

（3）肥水管理

定植后根据墒情浇一次缓苗水，促进缓苗。缓苗后到根瓜坐住前要控制浇水。当根瓜长达 10 厘米左右时浇 1 次水，并随水冲施磷酸氢二铵 20 千克/亩或氮磷钾复合肥 25 千克/亩。深冬期间，15~20 天浇 1 次水，浇水量不宜过大，并采取膜下沟灌或滴灌。每浇 2 次水可追 1 次肥，随水每亩冲施氮磷钾复合肥 10~15 千克，要选择晴天上午浇水，避免在阴雪天前浇水。浇水后在棚温上升到 28℃ 时，开通风口排湿。如遇阴雪天或棚内湿度较大时，可用粉尘剂或烟雾剂防治病害。

2 月中下旬以后，每 10~12 天浇 1 次水，每次随水每亩追施氮磷钾复合肥 15 千克或腐熟人粪尿、鸡粪 300 千克。在植株生长后期，叶面可喷洒光合微肥、叶面宝等。

（4）二氧化碳施肥

冬春季节温度低、通风少，若有机肥施用不足，易发生二氧化碳亏缺，可进行二氧化碳施肥以满足光合作用的需要。

（二）西葫芦小拱棚套地膜覆盖栽培

西葫芦是早春蔬菜中相对最耐寒的品种，生育期短，上市时间早，对提前结束春淡季有很大的作用，采用大棚育苗、小拱棚套地膜覆盖栽培，经济效益非常显著。

1. 播种育苗

①选择播期。采用大棚冷床育苗，1 月下旬至 2 月上旬播种。

②配制营养土。选未种过瓜类蔬菜的壤土与腐熟猪粪渣各半，充分混匀后装入营养钵内。装土不宜过满，边装边压，留一部分覆土。

③浸种催芽。用 55～60℃ 温水浸种，不断搅拌至水温降到 25℃ 左右时停止，再浸泡 6～8 小时，捞出用 1% 高锰酸钾浸种 20～30 分钟，或用 10% 磷酸三钠浸种 15 分钟。洗净，搓掉表面黏液，稍晾后用湿纱布包好，放盆内，盆底垫细沙，上盖湿布，置 25～30℃ 下催芽，2～3 天可出芽，种子露芽或芽长约 1.5 厘米时播种。

④播种。先浇透底水，将种子胚根向下播于营养钵土中部，覆土约 2 厘米，贴地覆盖薄膜和草帘，并盖好大棚。

2. 苗期管理

播后盖严、压实薄膜，夜间加盖双层草帘防冻，草帘早揭晚盖，天晴揭帘受光，阴天中午也应揭帘，一般外温达 12℃，即可揭帘，下午外温降至 7℃ 后盖帘。经常清除薄膜尘土。子叶顶土时揭去土面薄膜，从播种到出土维持白天 25～28℃、夜间 12～15℃。大部分苗出土后，适当降温，维持白天约 25℃、夜间 13～14℃。子叶展平到第一真叶展开时，控制温度白天 20～25℃，夜间 10～13℃。第一真叶展开至定植前 10 天，逐渐提温，白天达 25℃ 左右。定植前 10 天，降温炼苗，白天 15～25℃，夜间 10℃ 左右。

3. 定植

①整理土壤。前作收获后，冬前深翻 30 厘米以上，翻土时每亩施石灰 100～150 千克。定植前 15～20 天铺地膜，盖小拱棚

膜，闭棚烤地。

②施足基肥。每亩施腐熟堆肥 2 500~3 000 千克，过磷酸钙 40~50 千克，普施与沟、穴施相结合，1/2 结合深翻施入，余下的沟施或穴施。

③定植。一般在 2 月下旬至 3 月上旬地膜加小拱棚覆盖栽培。高畦定植，畦宽 1.2~1.4 米，高 10~12 厘米，株距 45~50 厘米，每亩栽 2 000 株左右。

4. 田间管理

①覆盖保温防寒。定植初期，以防寒保温为主，覆盖物应早揭晚盖。

②闭棚促缓苗。缓苗期，不通风，维持白天 25~30℃，夜间 15~20℃，幼苗开始生长时由小至大通风，适当降温。

③浇缓苗水。定植后至坐瓜前，浇缓苗水。然后应适当蹲苗，坐瓜前不出现严重干旱不浇水。

④人工授粉。在雌雄花开放时，于 7:00~9:00 授粉。也可用小型喷雾器喷洒 40~50 毫克/千克对氯苯氧乙酸于柱头。

⑤升温保苗。开花结瓜期，适当升温。

⑥结合浇水追坐瓜肥。根瓜长达 8~10 厘米时，浇第二水，结合浇水追施腐熟人粪尿。以后根据天气和植株发育情况进行施肥和灌水，雨水多时排水。

⑦揭保温物。昼夜温度达 15℃ 以上时，可将夜间保温物撤除，白天气温 20℃ 以上可揭掉薄膜，只夜间覆盖。

⑧疏花。适当疏除多余雄花或雌花。

⑨追施膨瓜肥。盛果期，追肥 1~2 次，隔 7~10 天喷 0.1%~0.3% 尿素或磷酸二氢钾。

⑩通风降温。结果后期，昼夜通风。

⑪结合浇水追防衰肥。结果后期，结合浇水，每亩施尿素

15~20 千克。

⑫撤小棚。当日平均气温稳定在 20℃左右时，可撤除小棚。

第二节　茄果类设施栽培技术

一、番茄设施栽培技术

番茄在果菜类蔬菜中较耐低温，适应性较强，也是重要的设施蔬菜之一（图 4-5），栽培面积仅次于黄瓜。我国番茄设施栽培以日光温室和塑料大棚为主要形式，小拱棚覆盖早熟栽培也有较大面积。此外，利用现代温室进行长季节无土栽培也有一定面积。下面主要介绍两种番茄设施栽培技术。

图 4-5　番茄设施栽培

（一）番茄越夏保护地栽培技术

番茄越夏保护地栽培主要供应 8—11 月番茄市场淡季，可采收至霜降。采用多层覆盖可延迟至 11 月底以后拉秧。多利用春季老棚及其棚膜进行生产，避免了露地栽培夏番茄产量低、品质差、病害重，尤其是病毒病和芽枯病极易大面积发生等不足。从播种开始，全程保护栽培，防暴雨、防高温、防虫害、防强光，选择地势高、通风和排水良好的地块。

1. 品种选择

越夏番茄的生长期处于高温多雨的季节，应注意选用耐强光、耐高温、耐潮湿、抗病性强、耐储运的品种。

2. 播种育苗

适宜的播种期在 4 月中旬至 6 月中下旬，从种子开始预防病毒病，一般用高锰酸钾或磷酸三钠溶液浸种消毒，用湿布包裹，塑料布保湿，自然催芽。播种过早，与春番茄后期同时上市，价格低；播种过晚，留果穗数少，产量低，同时收获期推迟，与秋番茄同期上市，效益也差。

最好选用营养钵直播育苗法或无土育苗法。营养钵的直径和高均为 8~10 厘米，盖土厚度 1.0~1.5 厘米。播种后，在苗畦上搭拱棚，晴天 10:00—16:00，用薄草帘、遮阳网等遮阴降温，若用银灰色遮阳网还可起到驱避蚜虫的作用。雨前用塑料布防雨。最好采用防虫网覆盖，防止害虫进入苗床为害或传播病害。保护地夏番茄育苗期温度高，苗龄较短，从播种到定植约 30 天，5 片真叶、株高 12~15 厘米即可定植。营养方育苗的必须带土坨定植，其他同露地夏秋番茄育苗。

3. 定植

①栽培设施。遮阴防雨是该茬番茄栽培的重要措施，一般利用冬季使用的大棚，保留棚顶薄膜，因为这层薄膜春季用过，上面灰尘多，在防雨的同时还起到遮阴的作用。移栽前仔细检查棚膜是否有破损，及时修补，不能让雨水进入棚内。光线过强时棚

膜上覆盖遮阳网或洒泥浆遮阴降温。有条件的地方，在大棚周围及其他通风处用防虫网盖严，防止害虫进入。

②整地施肥。前茬作物收获后立即进行腾茬、深耕，晒垡15天左右。结合深耕施足基肥。有机肥一定要充分腐熟。有的地方喜欢施入黄豆、玉米等作基肥，施前一定要煮熟，否则起不到应有的施肥效果。一般每亩施煮熟的玉米、黄豆或麸皮等50千克。深翻后耙平作畦。

③移栽定植。由于温度高、浇水勤，多采用马鞍形栽培，不用地膜。定植株行距0.3米×0.6米，每亩定植3 700株左右，小行距约50厘米，大行距约70厘米。栽后浇1次水，2天后再浇1次水。

4. 田间管理

①遮光降温。定植后用遮阳网遮光降温，使棚内温度不超过30℃，防止高温危害。缓苗后至坐果前要注意适当蹲苗，中午发现叶片轻度萎蔫时应适当补水。这样可有效控制芽枯病的发生。如遇阴雨，棚内湿度大，昼夜温差小，夜温高，加上光照差，会有徒长现象，可喷洒150毫克/升助壮素控制徒长。棚内多采用吊蔓栽培。

②整枝。采用单干整枝法，留4~5穗果，9月上中旬打顶。及时打杈，剪老叶、黄叶，增加田间通风透光性能。畦面要与吊绳铁丝对应，以备吊蔓。

③保花保果。开花期正值6—8月高温期，不利于授粉、受精，需用对氯苯氧乙酸保花保果。蘸花时间在每天上午无露水时和16：00以后，避开中午高温期。使用浓度为30毫克/升，防止产生畸形果。

④疏花疏果。在果实长到核桃大小时，果形已经明显。每穗选留健壮、周正的大果3~4个，其他幼果和晚开的花全部摘除，

使植株集中养分供养选留的果实，以加速果实的生长膨大。

⑤浇水。开花期不要浇水，以免影响坐果。当第一穗果长到核桃大时开始追肥浇水，以后每次浇水都要施肥，每亩冲施氮磷钾复合肥 15 千克，腐熟鸡粪 0.3 立方米。保护地周围挖排水沟，及时将雨水排走，雨水温度高，应防止流入棚内。注意要在一天中的早、晚浇水，小水勤浇，中午高温期不浇水。

⑥换新棚膜。进入 9 月，气温逐渐降低，适合番茄生长，光照强度降低，应换上新棚膜，增加光照。10 月中旬气温进一步下降，为防止早霜危害，周围应拉上棚膜。拉棚膜前一周浇 1 次水，打一遍药防病。拉上棚膜前放风量要大，以后逐渐减少。秋季昼夜温差大，盖上棚膜后，果面结露时间长，易引起果皮开裂，降低商品性，应及时摘除果实周围的小叶，减少结露。进入 11 月，当白天气温降至 18℃ 以下时，要及时拉二道幕，四周围草帘。注意夜间保温，否则番茄成熟慢，影响越冬茬蔬菜的种植。

（二）番茄大棚秋延后栽培技术

番茄大棚秋延后栽培，生育前期高温多雨，病毒病等病害较重，生育后期温度逐渐下降，需要防寒保温，防止冻害。由于秋延后大棚番茄品质好，上市期正处于茄果类蔬菜的淡季，市场销售前景好，经济效益高。

1. 品种选择

选择抗病毒能力强、耐高温、耐贮、抗寒的中、早熟品种。

2. 播种育苗

①种子处理。先用清水浸种 3~4 小时，漂出瘪种子，再用 10%磷酸三钠或 2%氢氧化钠水溶液浸种 20 分钟后取出，用清水洗净，浸种催芽 24 小时。

②苗床准备。选择两年内没有种过茄果类蔬菜、地势高燥、

排水良好的地块作苗床。畦宽1.2米，耙平整细，铺上已沤制好的营养土约5厘米。播前15天用100倍甲醛液喷洒土壤，密闭2~3天后，待5~7天药气散尽后播种。播前浇足底水。

③适时播种。应根据当地早霜来临时间确定播期，不宜过早过迟，过早正值高温季节，易诱发病毒病，过迟则由于气温下降，果实不能正常成熟，一般在7月中旬播种为宜。每亩栽培田用种40~50克。

3. 苗期管理

播种后，在苗床上覆盖银灰色的遮阳网，出苗后每隔7天喷施10%吡虫啉可湿性粉剂2 000倍液防治蚜虫。1~2片真叶时，趁阴天或傍晚，在覆盖银灰色遮阳网的大棚内排苗，最好排在营养钵中。排苗床要铺放消毒后的营养土，苗距10厘米×10厘米，及时浇水。高温季节若幼苗徒长，可从幼苗2叶1心期开始到第一花序开花前喷100~150毫克/千克的矮壮素2次。

4. 定植

①整地施肥。选择阳光充足、通风排水良好、两年内没种过茄果类蔬菜的大棚。定植地附近不要栽培秋黄瓜和秋菜豆，因二者易互相感染病毒。对连作地，清茬后应及时深耕晒土，在6—7月用水浸泡7~10天，水干后按每亩施100~200千克生石灰与土壤拌匀后作畦，并用地膜全部覆盖，高温消毒。每亩施腐熟有机肥4 000~5 000千克、复合肥30~50千克或饼肥200~300千克，深施在定植行的土壤深处。高畦深沟，畦宽约1.1米，棚外沟深35厘米以上。

②及时定植。苗龄25天左右，3~4片真叶时，选择阴天或傍晚定植，南方一般在8月下旬至9月初，北方稍早。及时淋定根水，4~5天后浇缓苗水。

③定植密度。有限生长类型的早熟品种或单株仅留2层果穗

的品种，每亩栽5 000~5 500株；单株留3层果穗的无限生长类型的中熟品种，每亩栽4 500株。每畦种两行，株距15~25厘米。苗要栽深一些。

5. 田间管理

①遮阴防雨。定植后，在大棚上盖上银灰色的遮阳网，早揭晚盖，盖了棚膜的应将大棚四周塑料薄膜全部掀开，棚内温度白天不高于30℃，夜间不高于20℃。有条件的最好畦面盖草降低地温。

②肥水管理。在施足基肥的前提下，定植后至坐果前应控制浇水，土壤不过干不浇水，看苗追肥，除植株明显表现缺肥外，一般情况下只施一次清淡的粪水作催苗肥，严禁重施氮肥。果实长至直径3厘米大小时，若肥水不足，应重施一次30%的腐熟人粪水。采收后看苗及时追肥。追肥最好在晴天下午，可叶面喷施0.2%~0.5%的磷酸二氢钾+0.2%的尿素混合液。灌水时不要漫过畦面，最好不要大水漫灌，灌水宜在下午进行，若能采用滴灌和棚顶微喷则更好，秋涝时应及时排水。

③保花保果。开花坐果正值高温，易落花落果，可用10毫克/千克的2,4-滴或20~25毫克/千克的对氯苯氧乙酸蘸花或喷花，每朵花蘸1次，每花序喷1次。坐果后，每穗果留3~4个果后其余疏去。

④植株调整。定植成活后，结合浇水用300毫克/千克矮壮素浇根2~3次防徒长，每次间隔15天左右。边生长边搭架，防倒伏。发现病株要及时拔除，发病处要用生石灰消毒。及时摘除植株下部的老叶、病叶。采用单干整枝，如密度不足5 000株，可保留第一花序下的第一侧枝，坐住一穗果以后，在其果穗上留1~2叶。侧芽3.3~6.7厘米长时应及时抹除。主枝坐住2~3穗果后，在最上一穗果上留2~3叶后摘心。

⑤保温防冻。当外界气温下降到 15℃ 以下时，夜间及时盖棚保温，白天适当通风，11 月上中旬要套小棚，12 月以后遇寒潮还要加二道膜或草帘，保持棚内白天温度 20℃ 左右、夜间 10℃ 以上。棚内气温低于 5℃ 时，及时采收、储藏。

二、茄子设施栽培技术

茄子（图 4-6）是我国重要的蔬菜作物，在我国南北各地均有栽培，具有产量高、适应性强、结果期长等特点。茄子食用方法多种多样，可炒、可烧、可炖、可炸、可蒸，可素可荤，也可以直接生食，还能酱渍、腌制及干制（晾干）供长期食用，深受广大生产者和消费者的欢迎。

图 4-6　茄子

（一）日光温室越冬茬茄子

日光温室越冬茬茄子，第一年夏末秋初育苗，晚秋定植，入冬后收获上市，采收至初夏。若经剪枝再生，可栽培至初冬或更长时间。

1. 品种选择

应选用耐低温、耐弱光能力强，早熟，抗病，植株开张角度小，适于密植，果实品质优良，形状、果色符合当地消费习惯要求等的品种。如黑丽圆、丰研 2 号、布里塔、东方长茄等。

2. 嫁接育苗

采取嫁接育苗，接穗苗一般在 8 月上旬至 9 月上旬播种，育苗期 55 天左右。砧木托鲁巴姆比接穗早播约 25 天。

采用劈接法或套管法嫁接。接穗苗易于徒长，可在 3 片真叶时喷 750 毫克/千克的矮壮素，控制其生长速度。

3. 施肥作畦

每亩施腐熟鸡粪 7~8 立方米，或腐熟猪粪约 10 立方米、磷酸氢二铵 40~50 千克、硫酸钾 40~50 千克，2/3 铺施后深翻 2 遍，1/3 按行距开沟后集中施入沟内，并使肥土混合均匀。采用垄畦或高畦栽培。垄畦做成大小垄，冬季在小垄沟内浇水。采取滴灌浇水时，一般作成高畦。

4. 定植

采用大小行距定植。一般大行距 90~100 厘米，小行距 50~60 厘米，株距 40~50 厘米。嫁接苗带夹子定植，接口距离地面 3~4 厘米。选晴天栽苗，定植后覆盖地膜。

5. 温度管理

缓苗期白天 30℃ 左右，夜间不低于 17℃；缓苗后白天 20~30℃，夜间 15℃ 以上。入冬后，要加强防寒保温，保持白天 20~30℃，夜间 13~15℃，不低于 10℃。进入 2 月温度回升，应升温促果，实行四段变温管理，即上午 25~30℃、下午 20~25℃、上半夜 13~20℃、下半夜 10~13℃，地温保持在 13℃ 以上。

6. 光照管理

茄子对光照条件要求高，光照不足，坐果率低、果小、着色浅。可通过张挂反光幕、擦拭薄膜、及时摘叶、延长见光时间等措施改善光照条件。

7. 肥水管理

定植时浇足底水和缓苗水，至坐果前一般不再浇水；当2/3以上植株的门茄坐果后，开始追肥浇水。结合浇水，每亩施复合肥15~20千克，半个月后再追1次肥；深冬期间，减少水肥，避免降低地温。入春后，温度回升，生长加快，应加强浇水，并随水冲施肥料，交替追施硝酸铵钙、硫酸钾、沼液等。

8. 植株调整

双干整枝。门茄坐果后保留2个侧枝，以下的侧枝全部去除，向上每坐1果也只保留1个侧枝，向上延伸。除整枝外，还应及时去除老叶、病叶。

保花保果。用40~50毫克/千克防落素喷花，或用20~30毫克/千克的2,4-滴点抹花柄，防止落花落果。

9. 再生延后栽培

日光温室越冬茬嫁接茄子，经剪截再生，可栽培至初冬甚至更长时间，提高产量和经济效益。选择植株生长高大、结果位置上移、果实生长衰弱且市场茄子价格不高时实施夏季剪截，剪截的部位是在嫁接口上留3节把主茎剪断，使留下的主干萌发新枝，剪截口上可涂50倍液代森锰锌，防止病菌侵入。

剪截后清除杂草枯枝，喷百菌清600倍液防病。随后浇1次透水，促进新枝萌发。当新枝伸长至10厘米以上时，每株留1个新枝，邻近有缺株处可留2个新枝。及时去除砧木上的萌芽。新株现蕾时施复合肥15~20千克，门茄开花坐果期间不灌水、不追肥。坐果后施尿素15千克，促进秧果生长。对茄生长期施复合肥 15~20 千克，采收期再浇 1 水，促秧果生长，以后随气温降低，减少水肥量，以叶面追肥为主。门茄和对茄适当提早采收，以后温度下降，尽量延迟采收。

当外界气温降至 12℃ 左右时扣膜，并及时盖草苫，维持夜间最低温度在 15℃。

10. 采收

当果实的萼片与果皮上部交界处的白色环带由宽变窄、稍变暗淡，果实又基本够大时，即可采收。门茄要早采收，以防坠秧。采收时用剪刀把果柄剪断即可。

(二) 茄子大棚春提早促成栽培技术

茄子大棚春提早促成栽培，是利用大棚内套小拱棚加地膜设施，达到提早定植、提早上市的目的，效益较好。

1. 品种选择

选择抗寒性强、耐弱光、株型矮、适宜密植的极早熟或早熟品种。

2. 播种育苗

采用塑料大棚冷床育苗方式，播种期可提早到前一年 10 月，也可采用酿热加温大苗越冬育苗。播种后 30~40 天，当幼苗有 3~4 片真叶时，选晴天用 10 厘米×10 厘米的营养钵分苗。定植前一个星期，应对秧苗进行锻炼。

3. 定植

大棚应在冬季来临前及时整修，并在定植前一个月左右抢晴天扣棚膜，以提高棚温。在前作收获后及时深翻 30 厘米左右。

定植前 10 天左右作畦，宜作高畦，畦面要呈龟背形，基肥结合整地施入。一般每亩施腐熟堆肥 5 000 千克、复合肥 80 千克、优质饼肥 60 千克，2/3 翻土时铺施，1/3 在作畦后施入定植沟中。有条件的可在定植沟底纵向铺设功率为 800 瓦的电加温线，每行定植沟中铺设一根线。覆盖地膜前一定要将畦面整平。

定植期可在 2 月中下旬，应选择"冷尾暖头"的晴天进行定植。采取宽行密植栽培，即在宽 1.5 米包沟的畦上栽两行，株行距（30~33）厘米×70 厘米，每亩定植 3 000 株左右。定植前一天要对苗床浇 1 次水，定植深度以与秧苗的子叶下平齐为宜。若在地膜上面定植，破孔应尽可能小，定苗后要将孔封严，浇适量定根水，定根水中可掺少量稀薄粪水。

4. 田间管理

（1）温湿度管理

秧苗定植后有 5~7 天的缓苗期，基本上不要通风，控制棚内气温在 24~25℃，地温 20℃左右，如遇阴雨天气，应连续进行根际土壤加温。缓苗后，棚温超过 25℃时应及时通风，使棚内最高气温不要超过 28~30℃，地温以 15~20℃为宜。

生长前期，当遇低温寒潮天气时，可适当间隔地进行根际土壤加温，或采取覆盖草帘等多层覆盖措施保温。进入采收期后，气温逐渐升高，要加大通风量和加强光照。当夜间最低气温高于 15℃时，应采取夜间大通风。进入 6 月，为避免 35℃以上高温危害，可撤除棚膜转入露地栽培。

（2）水肥管理

定植缓苗后，应结合浇水施一次稀薄的粪肥或复合肥。进入结果期后，在门茄开始膨大时可追施较浓的粪肥或复合肥。结果盛期，应每隔 10 天左右追肥 1 次，每亩每次施用复合肥 10~15 千克或稀薄粪肥 1 500~2 000 千克，追肥应在前批果已经采收，下批果正在迅速膨大时进行。设施栽培还可用 0.2%磷酸二氢钾和 0.1%尿素的混合液进行叶面追肥。

在水分管理上，要保持 80%的土壤相对湿度，尤其在结果盛期，在每层果实发育的始期、盛长期以及采收前几天，都要及时浇水，每一层果实发育的前、中、后期，应掌握"少、多、少"的浇水原则。每层果的第一次浇水最好与追肥结合进行。每次的浇水量要根据当时的植株长势及天气状况灵活掌握，浇水量随着植株的生长发育进程逐渐增加。

（3）整枝摘叶

采取自然开心整枝法，即每层分枝保留对权的斜向生长或水平生长的2个对称枝条，对其余枝条尤其是垂直向上的枝条一律抹除。摘枝时期是在门茄坐稳后将以下所发生的腋芽全部摘除，在对茄和四母茄开花后又分别将其下部的腋芽摘除，四母茄以上除了及时摘除腋芽，还要及时打顶摘心，保证每个单株收获5~7个果实。

整枝时，可摘除一部分下部叶片，适度摘叶可减少落花，减少果实腐烂，促进果实着色。为改善通风透光条件，可摘除一部分衰老的枯黄叶或光合作用很弱的叶片。

摘叶的方法是：当对茄直径长到3~4厘米时，摘除门茄下部的老叶，当四母茄直径长到3~4厘米时，摘除对茄下部的老叶，以后一般不再摘叶。

（4）中耕培土

采用地膜覆盖的，到了5月下旬至6月上旬，应揭除地膜进行1次中耕培土。中耕时，为不损坏电加温线，株间只能轻轻松动土表面。行间的中耕则要掌握前期深、中后期浅的原则，前期可深中耕达7厘米，中后期宜浅中耕3厘米左右，中后期的中耕要与培土结合进行。

（5）防止落花落果

当气温在15℃以下，光照弱、土壤干燥、营养不良及花器构造有缺陷时，就会引起落花落果。生长早期的落花，可以用2,4-滴和对氯苯氧乙酸等植物生长调节剂来防止。如处理花器，处理适宜时期是在花蕾肥大、下垂、花瓣尖刚显示紫色到开花的第二天之间。对花器处理可分别采用喷雾器逐朵喷雾、药液蘸花和用毛笔涂抹果梗3种方法。花器处理的浓度：2,4-滴20~30毫克/千克、对氯苯氧乙酸25~40毫克/千克，温度高时浓度低，温度低时浓度高。处理时，应严格掌握浓度和喷雾量，避开高温时喷药，喷药时不要喷向树冠上部，第二次应在第一次喷药后3~4天进行，以后的间隔时间以7~10天为标准，注意不要重复喷药。

三、辣椒设施栽培技术

辣椒（图4-7）为一年生或有限多年生植物，是重要的经济作物，因其独特的辣味而深受人们的喜爱。辣椒设施栽培以日光温室秋冬茬、越冬茬和冬春茬以及塑料大棚早春茬、秋延后为主，下面以大棚春提早促成和大棚秋延后栽培为例介绍辣椒设施栽培技术要点。

图4-7　辣椒

（一）辣椒大棚春提早促成栽培技术

采用"塑料大棚+地膜+小拱棚"的春提早促成栽培可比露地春茬提早定植和上市 40~50 天，春末夏初应市。盛夏后通过植株调整，还可进行恋秋栽培，使结果期延迟到 8 月。

1. 品种选择

选用抗性好，低温结果能力强，早熟、丰产、商品性好的品种。

2. 播种育苗

长江中下游地区一般在 10 月中旬至 11 月上旬利用大棚进行越冬冷床育苗，或在 11 月上旬至下旬用酿热温床或电热线加温苗床育苗。2~3 叶期分苗，加强防寒保温等的管理。有条件的可采用穴盘育苗。

苗期病害主要有猝倒病，主要害虫有蚜虫、蓟马、茶黄螨、红蜘蛛等，应及时防治。

3. 适时定植

选择土层深厚肥沃、排灌方便、地势高燥的地块，前茬收获后，每亩施腐熟农家肥 3 000~4 000 千克、生物有机肥 150 千克、三元复合肥 20~30 千克，底肥充足时可以地面普施，肥料少时要开沟集中施用。

开沟时沟距 60 厘米，沟宽 40 厘米，深 30 厘米。施后要把肥料与土充分混匀，搂平沟底等待定植，整成畦面宽 0.75 米、窄沟宽 0.25 米、宽沟宽 0.4 米、沟深 0.25 米的畦。整地后可在畦面喷施芽前除草剂，如 96%精异丙甲草胺乳油 60 毫升或 48%仲丁灵乳油 150 毫升，兑水 50 升，喷施畦面后盖上微膜，扣上棚膜烤地。

5~7 天后，棚内最低气温稳定在 5℃，10 厘米地温稳定在 12~15℃，并有 7 天左右的稳定时间即可定植。在长江中下游地区，定植时间一般在2月下旬到3月上旬，不应盲目提早，大棚内加盖地膜或小拱棚可适当提早。

选晴天上午到14: 00定植，相邻两行交错栽苗，穴距30厘米，每穴栽2株，2株苗的生长点相距8~10厘米。

边栽边用土封住栽口，可用20%噁霉·稻瘟灵（移栽灵）乳油2 000倍液进行浇水定根，对发病地块，可结合浇定根水，在水内加入适量的多菌灵、甲基硫菌灵等杀菌剂，也可浇清水定根，但切勿用敌磺钠溶液浇水定根。定植后，及时关闭棚门保温。

4. 田间管理

（1）温湿度管理

定植到缓苗的5~7天要闭棚闷棚，不要通风，尽量提高温度。闭棚时，要用大棚套小拱棚的方式双层覆盖保温，保持晴天白天28~30℃，最高可达35℃，尽量使地温达到和保持18~20℃。

缓苗后降低温度。辣椒生长以白天保持24~27℃、地温23℃左右为最佳，缓苗后通过放风调节温度，保持较低的空气湿度。

当棚外夜间气温高于15℃时，大棚内小拱棚可撤去，外界气温高于24℃后才可适时撤除大棚膜。注意防止开花期温度过高易落果或徒长。

（2）肥水管理

一般在分株浇2次水的基础上，在定植4~5天后再浇1次缓苗水。此后连续中耕2次进行蹲苗，直到门椒膨大前一般不轻易浇肥水，以防引起植株徒长和落花落果。

门椒长到3厘米长时开始追肥浇水，每亩可追施10~15千克复合肥加尿素5千克，以后视苗情和挂果量，酌情追肥。

盛果期7~10天浇1次水，1次清水、1次水冲肥。一般可根施0.5%~1%的磷酸二氢钾1.5千克，加硫酸锌0.5~1.0千克、硼砂 0.5~1.0 千克。

进入结果盛期，可进行叶面喷施磷酸二氢钾，配合使用光合促进剂、光呼吸抑制剂、芸苔素内酯等，每 7~10 天喷用 1 次，共喷 5~6 次。雨水多时，要注意清沟排渍，做到田干地爽，雨停沟干。棚内干旱灌水时，可行沟灌，灌半沟水，让其慢慢渗入土中，以土面仍为白色而土中已湿润为佳，切勿灌水过度。

（3）保花保果

方法一：用对氯苯氧乙酸喷花和幼果。用 1% 对氯苯氧乙酸水剂 333~500 倍液，于盛花前期到幼果期，在 10: 00 前或 16: 00 后，用手持小喷雾器向花蕾、盛开的花朵和幼果上喷洒，也可蘸花或涂抹花梗。对氯苯氧乙酸在温度高时要多加水，温度低时少加水，当温度超过 28℃ 时，加水量可为原液的 667 倍。与腐霉利、乙烯菌核利、异菌脲等农药，及磷酸二氢钾、尿素等肥料混用，可同时起到预防灰霉病和补充营养的作用。使用时不要喷到生长点和嫩叶上，若发生药害，可喷 20 毫克/千克赤霉酸加 1% 的蔗糖解除。

方法二：用 2, 4-滴蘸花或涂抹花梗。用 20~30 毫克/千克 2, 4-滴水溶液，于傍晚前用毛笔蘸药涂抹花梗或花朵。棚温高于 15℃ 时，用低浓度；低于 15℃ 时，用高浓度。药液要当天配当天用，使用时间最好在早晨和傍晚。

（4）植株调整

门椒采收后，门椒以下的分枝长到 4~6 厘米时，将分枝全部抹去，植株调整时间不能过早。

5. 采收

辣椒早熟栽培应适时尽早采收，采收的基本标准是果皮浅绿并初具光泽，果实不再膨大。开始采收后，每 3~5 天可采收 1

次。由于辣椒枝条脆嫩，容易折断，故采收动作宜轻，雨天或湿度较高时不宜采收。彩色甜椒在显色八成时即可采收。采收时用剪刀连同果柄一起采摘。

（二）辣椒大棚秋延后栽培技术

1. 品种选择

选择果肉较厚、果型较大、单果重、商品性好、抗病毒病能力强，且前期耐高温、后期耐低寒的早中熟品种，如中椒 11 号、满田 4004、辣优 1 号，辣优 4 号、世纪红、朝研 101、绿宝 5 号等品种。

2. 育苗选择

选排灌方便、地势稍高、没有种过茄果类蔬菜的肥沃砂壤土做苗床。播前将种子用 10% 磷酸三钠溶液或 0.1% 硫酸铜溶液浸泡 15~20 分钟，捞出后用清水洗净晾干，不催芽，采用干籽直播。播种前搭好育苗用的温室大棚，盖好棚膜和遮阳网，进行遮阴、防雨、降温育苗。每平方米床面撒 50% 福美双可湿性粉剂 10 克。播种前苗床要浇透水，播种后覆土以盖没种子为度，并覆盖适量稻草。大棚上面需覆盖遮阳网，下面两边通风。65% 左右的种子发芽后，及时揭去稻草。齐苗后晴天 8：00—9：00 盖遮阳网，16：00—17：00 时揭开。土壤过干应洒水，以见干见湿为宜。生产中应密切注意天气变化，严防闷热天气烧苗。齐苗后喷施 75% 百菌清可湿性粉剂 600 倍液防治猝倒病。

3. 定植

定植前建好大棚，盖上棚膜，并对大棚进行消毒处理。也可采用硫黄粉熏烟，每 100 平方米大棚用硫黄粉、锯木屑、敌百虫粉各 0.5 千克，将大棚覆盖严，混匀配料熏烟 1 昼夜后，开棚排烟。结合整地，每亩施充分腐熟的鸡粪 3 立方米、农家堆肥 3~5 立方米、饼肥 100 千克、三元复合肥 50 千克，起垄作畦，以备定植。8 月底至 9 月初，用黑色防草膜覆盖畦面。苗龄 30～35 天、10～12 片叶、80%的植株现大蕾时，为最佳定植时期。定植时宜选阴天或晴天下午进行，每亩 5 000 穴左右，每穴植 2 株，破膜定植。

4. 温室管理

大棚温度在辣椒初花期保持白天 28～30℃、夜间 15～17℃。高于 30℃要及时通风降温，下午降至 20℃时，闭风保温。辣椒生长后期夜温低于 15℃时，大棚内搭小拱棚；低于 8℃时小拱棚膜上加盖草苫。白天棚内温度高于 25℃时，大棚通风换气。为满足辣椒对光照的需求，温度回升时应注意揭苫增加光照。秋延后辣椒栽培应注意防冻害。秋延后辣椒施肥以基肥为主，看苗追肥，切忌氮肥施用过量造成坐果延迟。追肥以磷酸氢二铵为好，结合灌水，每亩每次追施 10 千克。结果期，每隔 10～15 天追施 1 次。结果盛期，可用 0.4%磷酸二氢钾溶液加 0.4%尿素溶液进行叶面喷肥。生长发育后期气温低，尽量少浇水和施肥。初霜来临前，要及时打掉多余侧枝、嫩枝、小花蕾及幼果，减少养分消耗，促进已挂果实膨大。一般情况下，每株辣椒以保留 15～18 个商品椒为宜。辣椒大棚秋延后栽培，主要病害有病毒病、疮痂病、疫病、炭疽病、灰霉病等。主要害虫是烟青虫等。

5. 采收促红

秋延后辣椒定植后，一般经过 50～60 天即可采收上市。如果当时价格合理，可以将门椒及对椒摘掉销售，因为它不再长大，摘掉后，可减轻植株的负担，有利于门椒以上的果实膨大生长。11 月上旬，随着气温下降，要及时在小拱棚上加盖草苫，以提高棚内温度，促使辣椒长老变红。一般扣拱棚可提高 5℃，拱棚上再盖草苫又可提高温度 3～5℃，使长成的辣椒留在植株上保鲜，每天揭盖小拱棚的草苫，使之见光增温，这样可以延长到元旦、春节采收上市。

第三节　豆类设施栽培技术

一、豇豆设施栽培技术

豇豆（图4-8）是豆科豇豆属一年生缠绕、草质藤本或近直立草本植物。豇豆的嫩豆荚和豆粒味道鲜美、食用方法多种多样，深受人们喜爱。豇豆依茎的生长习性可分为蔓生茎和矮生茎，具有耐高温、喜光、较耐旱、不耐涝等特点，常采用温室和大棚等设施进行栽培。

图4-8　豇豆

（一）豇豆日光温室栽培技术

1. 品种选择

日光温室栽培一般选用蔓生品种，目前表现较好的有之豇2、上海33-47、秋丰、张塘等。

2. 茬口安排

秋冬茬栽培时，一般从 8 月中旬到 9 月上旬播种育苗或直播，从 10 月下旬开始上市；冬春茬栽培一般是 12 月中下旬到 1 月中旬播种育苗，1 月上中旬到 2 月上中旬定植，3 月上旬前后开始采收，一直采收到 6 月份。

3. 备种、选种和晒种

干籽直播的，按每亩用 1.5～3.5 千克备种；育苗移栽的，每亩备种 1.5～2.5 千克。为提高种子的发芽势和发芽率，保证发芽整齐、快速，应进行选种和晒种，要剔除饱满度差、虫蛀、破损和霉变种子，选晴天在土地上晒 1～2 天。

4. 整地施肥

亩用优质农家肥 5 000～10 000 千克、腐熟的鸡禽粪 2 000～3 000 千克、腐熟的饼肥 200 千克、碳酸氢铵 50 千克。将肥料的 3/5 普施地面，人工深翻 2 遍，把肥料与土充分混匀，然后按栽培的行距起垄或作畦。豇豆栽培的行距平均为 1.2 米，或等行距种植或大小行栽培。大小行栽培时，大行距 1.4 米，小行距 1 米。开沟施肥后，浇水、造墒、扶起垄，垄高 15 厘米左右。另在大行间，或等行距地隔 2 行扶起 1 条供作业时行走的垄。

5. 育苗

提前播种培育壮苗，是实现豇豆早熟高产的重要措施。豇豆育苗可以保证全苗和苗旺，抑制营养生长，促进生殖生长，一般比直播的增产二三成。

①适宜的苗龄。豇豆的根系木栓化比较早，再生能力较弱，苗龄不宜太大。适龄壮苗的标准是：日历苗龄 20～25 天；生理苗龄是苗高 20 厘米左右，开展度 25 厘米左右，茎粗 0.3 厘米以下，真叶 3～4 片，根系发达，无病虫害。

②护根措施。培育适龄壮苗的关键技术包括：采用营养钵、

纸筒、塑料筒或营养土方护根育苗，营养面积 10 厘米×10 厘米，按技术要求配制营养土和进行床土消毒。

③浸种。将种子用 90℃ 左右的开水烫一下，随即加入冷水，使温度保持在 25~30℃，浸泡 4~6 小时，离水。由于豇豆的胚根对温度和湿度很敏感，所以一般只浸种，不催芽。

④播种。播种前先浇水造足底墒。播种时，1 钵点种 3~4 粒种子，覆土 2~3 厘米厚。

⑤播后管理。播后温度保持白天 30℃ 左右、夜间 25℃ 左右，以促进幼苗出土。正常温度下播后 7 天发芽，10 天左右出齐苗。此时豇豆的下胚轴对温度特别敏感，温度高必然引起植株徒长，因此要把温度降下来，保持白天 20~25℃、夜间 14~16℃。定植前 7 天左右开始低温炼苗。需要防止土壤干旱。豇豆日历苗龄短，子叶中又贮藏着大量营养，苗期一般不追肥，但须加强水分管理，防止苗床过干过湿，土壤相对湿度 70% 左右。注意防治病虫害。重点是防治低温高湿引起的锈根病，以及蚜虫和根蛆。

6. 定植

①定植（播种）适期。豇豆定植的适宜温度指标是 10 厘米地温稳定通过 15℃，气温稳定在 12℃ 以上。温度低时可以加盖地膜或小拱棚。定植前 10 天左右扣棚烤地。

②定植方法。冬春茬的定植宜在晴天 10:00—15:00 进行。一般在栽植垄上按 20 厘米打穴，每穴放 1 个苗坨（2~3 株苗），然后浇水，水渗下后覆土封严。

7. 田间管理

①温度管理。定植后 3~5 天不放风，提高温度，促进缓苗。缓苗后白天 25~30℃、夜间 15~20℃，秋冬茬生产的，进入冬季后，要采取有效措施加强保温，尽量延长采收期。

②肥水管理。定植时根据茬次掌握浇水。在定植水的基础上，秋冬茬缓苗后连续浇 2 次水；冬春茬分穴浇 2 次水，之后中耕、蹲苗，严格控制浇水。现蕾时浇 1 次小水，继续中耕，初花期不浇水。待蔓长 1 米左右，叶片变厚、节间短、第一花序坐荚、花序相继出现时，开始浇水，同时每亩施入硝酸钾 20 ~ 30千克、过磷酸钙 30 ~ 50 千克。以后植株生长加快，下部果荚伸长、中上部花序出现时，再浇 1 次水。以后掌握浇荚不浇花，见干见湿的原则，大量开花后每隔 10 ~ 12 天浇 1 水。

③植株管理。植株伸蔓后要及时搭架或吊绳引蔓，注意不要折断茎蔓，否则下部侧枝丛生，通风不良，落花落荚，影响产量。主蔓第一花序以下萌生的侧枝长到 3 ~ 4 厘米时掐掉，确保主蔓健壮生长。第一花序以上各节初期萌生的侧枝，留 1 片叶摘心，中后期发生的侧枝留 2 ~ 3 片叶摘心，促进侧枝第一花序的形成。当主蔓爬满架后摘心，促进各侧蔓上的花芽发育、开花、结荚。

④病虫害管理。豇豆病虫害主要有豇豆煤霉病、白粉病、病毒病、茎腐病、蚜虫、豆荚螟等。病虫害农业防治：采用合理轮作、清理田园、选择抗病品种、培育壮苗、加强田间管理、适时浇水追肥、注重有机肥及磷钾肥施用、促进植株生长健壮等。物理防治：设置防虫网、使用黄板诱杀、高温闷棚等。生物防治：释放昆虫天敌、以菌治虫治病等。还可采用与化学防治相结合的综合防治技术。使用 50%多菌灵可湿性粉剂 500 倍液，或 75%百菌清可湿性粉剂 600 倍液，或 70%甲基硫菌灵可湿性粉剂 600 倍液，每隔 7 ~ 10 天喷 1 次，连续喷 2 ~ 3 次，防治豇豆煤霉病、茎腐病；15%三唑酮可湿性粉剂 1 200 ~ 1 500 倍液喷施，防治豇豆白粉病；用 20%盐酸吗啉胍可湿性粉剂 600 倍液防治病毒病；用10%吡虫啉可湿性粉剂 2 000 倍液，每隔 5 ~ 7 天喷 1 次，连喷 2

次，可防治蚜虫。

⑤适时采收。当豆荚长成粗细均匀、豆粒不鼓但种子已经开始生长时，为商品嫩荚收获的最佳时期，应及时采收上市。采收时不要伤及花序枝，更不要连花序柄一起摘下，要严格掌握标准，使采收的豆角整齐一致。

（二）豇豆塑料大棚早春提前栽培技术

1. 品种选择

选用早熟、丰产、耐寒、抗病力强，鲜荚纤维少、肉质厚、风味好，植株生长势中等、不易徒长、适宜密植的蔓生品种。主要有 901、之豇 28-2、高产 4 号、之豇特早 30、早翠等。

2. 播种育苗

①整地施肥。早耕深翻，做到精细整地。春季在定植前 15~20 天扣棚烤地，结合整地每亩施入腐熟有机肥 5 000~6 000 千克、过磷酸钙 80~100 千克、硫酸钾 40~50 千克或草木灰 120~150 千克，2/3 的农家肥撒施，余下的 1/3 在定植时施入定植沟内，定植前 1 周左右在棚内作畦，一般作成平畦，畦宽 1.2~1.5 米。也可采用小高畦地膜覆盖栽培，小高畦畦宽（连沟）1.2 米，高 10~15 厘米，畦间距 30~40 厘米，覆膜前整地时灌水。

②播种育苗。早春豇豆直播后，气温低，发芽慢，遇低温阴雨，种子容易发霉烂种，成苗差。因此，早春大棚豇豆栽培多采用育苗移栽，可使幼苗避开早春低温和南方多阴雨的环境，并且可有效抑制营养生长过旺，但豇豆根系易木栓化，不耐移栽，宜采用营养钵育苗。在南方，播种期最早在 2 月中下旬。播种过早，地温低，易出现沤根死苗，苗龄过大，定植时伤根重，缓苗慢；播种过迟达不到早熟目的。

3. 定植

一般在 2 月底至 3 月上中旬，苗龄 25 天左右，当棚内地温稳定在 10~12℃、夜间气温高于 5℃时，选晴天定植，行距 60~70 厘米，穴距 20~25 厘米，每穴 4~5 株苗。

4. 田间管理

①温湿度管理。定植后 4~5 天密闭大棚不通风换气，棚温维持白天 28~30℃、夜间 18~22℃。当棚内温度超过 32℃时，可在中午进行短时间通风换气。寒流、霜冻、大风、雨雪等灾害性天气要采取临时增温措施。缓苗后开始放风排湿降温，温度控制在白天 20~25℃、夜间 15~18℃。加扣小拱棚的，小棚内也要放风，直至撤除小拱棚。进入开花结荚期后逐渐加大放风量和延长放风时间，这一时期高温高湿会使茎叶徒长或授粉不良而招致落花落荚，一般当棚温上午达到 18℃时开始放风，下午降至 15℃以下关闭风口。生长中后期，当外界温度稳定在 15℃以上时，可昼夜通风。进入 6 月上旬，外界气温渐高，可将棚膜完全卷起来或将棚膜取下来，使棚内豇豆呈露地状态。

②查苗补苗。当直播苗第一对基生真叶出现后或定植缓苗后应到田间逐畦查苗补棵，结合间苗，一般每穴留 3~4 株健苗。由于基生叶生长好坏对豆苗生长和根系发育有很大的影响，基生叶提早脱落或受伤的幼苗也应拔去换栽壮苗。

③植株调整。大棚内不宜过早支架，但过迟蔓茎相互缠绕，不利于搭架。一般到蔓出后才开始支架，双行栽植的搭人字架，将蔓牵至人字架上，茎蔓上架后捆绑 1~2 次。豇豆每个叶腋处都有侧芽，每个侧芽都会长出 1 条侧蔓，若不及时摘除下部侧芽，会消耗养分，严重影响主蔓结荚；侧蔓过多，架间郁闭，通风透光不好，引起落花而结荚少，所以必须进行植株调整。调整的主要方法是打杈和摘心。打杈是把第一花序以下各节的侧芽全部打掉，但打杈不宜过早，第一花序以上各节的叶芽应及时摘除，以促花芽生长。摘心是在主蔓生长到架顶时，及时摘除顶

芽，促使中、上部的侧芽迅速生长，各子蔓每个节位都生花序而结荚，为延长采收盛期奠定了基础。至于子蔓上的侧芽生长势弱，一般不会再生孙蔓，可以不摘，但子蔓伸长到一定长度，3~5节后即应摘心。

④水肥管理。浇定植水后至缓苗前不浇水、不施肥，若定植水不足，可在缓苗后浇缓苗水，之后进行中耕蹲苗，一般中耕2~3次，甩蔓后停止中耕，到第一花序开花后小荚果基本坐住，其后几个花序显现花蕾时，结束蹲苗，开始浇水追肥。追肥以腐熟人粪尿和氮素化肥为主，结合浇水冲施，也可开沟追肥，每亩每次施人粪尿1 000千克或尿素20千克，浇水后要放风排湿。大量开花时尽量不浇水，进入结荚期要集中连续追3~4次肥，并及时浇水。一般每10~15天浇1次水，每次浇水量不要太大，追肥与浇水结合进行，1次清水后相间浇1次稀粪，1次粪水后相间追1次化肥，每亩施入尿素15~20千克。到生长后期除补施追肥外，还可叶面喷施0.1%~0.5%的尿素溶液加0.1%~0.3%的磷酸二氢钾溶液，或0.2%~0.5%的硼、钼等微肥。

二、菜豆设施栽培技术

菜豆（图4-9）又名芸豆、豆角、刀豆、四季豆，是豆科菜豆属一年生、缠绕或近直立草本植物。菜豆可供煮食、炒食、凉拌，还可以进行干制、速冻等加工，是一种鲜嫩可口、色香味俱佳、营养丰富的优质蔬菜，深受消费者的喜爱。

（一）菜豆日光温室栽培技术

1. 品种选择

日光温室栽培应选用耐低温、弱光，开花结荚早，产量高、品质好、抗病性强的蔓生品种，如绿丰、绿龙、架豆王等。

图 4-9　菜豆

2. 茬口安排

日光温室菜豆栽培大多采用秋冬茬，于 8 月中旬前后播种，霜冬来临时开始采收（接上露地秋豆角上市），拉秧后定植早春茬果菜。也可采用冬春茬，于 10—11 月播种，元月至春节前后始收，拉秧期根据生长情况而定。此外，还可利用温室后墙根，施肥浇水点播菜豆，顺墙吊蔓。

3. 播种

亩施农家肥 3 000~4 000 千克、过磷酸钙 40~50 千克、磷酸氢二铵 20~30 千克。将这些基肥一半全面撒施，另一半按 55~60 厘米行距开沟施入，沟深 30 厘米，肥土充分混匀后顺沟浇足底水，填土起垄，垄高 15~18 厘米，上宽 10~15 厘米。然后在垄上单行点播，平均穴距 25 厘米，前密后稀。开穴后稍浇些水，撒点细土，播种 3~4 粒，覆土 3~4 厘米，每亩播种量 3.5~4.0

千克。冬季播种为了增温保墒，促进出苗和降低空气湿度，最好盖上地膜，出苗后再开口。

4. 播后管理

①温度管理。播后地温 20℃ 有利于出苗。如露地秋播过晚，地温不足和外界气温低于 15℃ 时，应立即扣棚。白天保持 20℃ 左右，超过 25℃ 放风，夜间保持 15℃ 以上，早晨最低温度 10~12℃，过低就要盖帘保温。

②间苗补苗。每穴留 3 株，缺苗应及早生芽补种或移苗补栽。

③浇水追肥。掌握"苗期少、抽蔓期控、结荚期促"的原则，出苗后，视土壤墒情浇 1 次齐苗水。此后适当控水，长到 3~4 片真叶时，浇 1 次抽蔓水，并每亩追施磷酸氢二铵 10~15 千克，促进抽蔓，扩大营养器官面积，以后一直到开花为蹲苗期，要控制浇水，促进菜豆由营养生长向生殖生长发展。这时如果水肥过多，容易导致茎蔓徒长、落花落荚。一般第一花序的嫩荚伸出后，就转入水肥需要旺盛期，结束蹲苗浇灌 1 次水，随后需水量逐渐加大，每采收一两次就浇水 1 次，但要尽量避过盛花期。并每隔 1~2 次浇水结合追 1 次肥。

④植株整理。抽蔓后及时拉吊架。当秧头距棚面约 20 厘米打顶。到结荚中后期随时摘除下部病老黄叶，改善通风透光条件，促使侧枝萌发和潜伏花芽开花结荚。

5. 病虫害防治

（1）病害防治

菜豆主要病害有根腐病、炭疽病、锈病、枯萎病、灰霉病等。

①农业生态防治。轮作倒茬，品种选择，种子消毒，土壤消毒，培育壮苗，加强肥水管理，做好温室温湿度调节等。

②药剂防治。用 70%甲基硫菌灵可湿性粉剂 800 倍液、50%多菌灵可湿性粉剂 500 倍液喷施，每隔 7 天喷施 1 次，连续 2~3 次，可防治根腐病、炭疽病；用 50%多菌灵可湿性粉剂 600 倍液淋洒根际，每隔 7 天淋 1 次，连续 2~3 次，可防治枯萎病；15%三唑酮可湿性粉剂 1 200~1 500 倍液喷施，可防治菜豆锈病。连阴天使用烟雾剂或粉尘剂。

（2）虫害防治

菜豆虫害主要有蚜虫、豆荚螟、茶黄螨、潜叶蝇等。

①农业生态防治。轮作、清理田园等。

②物理与生物防治。设防虫网、黄板诱杀等。

③化学防治。80%敌百虫可湿性粉剂 1 000 倍液、2.5%溴氰菊酯悬浮剂 3 000 倍液，每隔 7 天 1 次，连喷 2~4 次，可防治豆荚螟、潜叶蝇；1.8%阿维菌素乳油 3 000 倍液喷施，可防治茶黄螨。

6. 采收

蔓生种播后 60~70 天开始采收，可连续采收 30~60 天或更长时间。一般落花后 10~15 天为采收适期，采收过早影响产量，过晚则降低品质。盛荚期 3 天左右采收 1 次。

（二）菜豆大棚栽培技术

1. 品种选择

选用早熟、高产、植株紧凑、叶片较小、豆荚性状满足消费者的需要的品种。相对而言，矮生菜豆比蔓生菜豆更合适大棚栽培。目前大棚栽培矮生菜豆品种主要有供给者、优胜者、矮早 18、新西兰 5 号等，蔓生菜豆有白花四季豆、红花四季豆、1409、绿龙、芸丰等。

2. 整地施肥

精细整地和深施基肥是菜豆壮苗和丰产的基础。定植前 15~

20 天扣棚盖膜，每亩撒施优质腐熟有机肥 4 000~5 000 千克、过磷酸钙 30~40 千克、草木灰 100 千克，深翻细耙，作畦，平畦畦宽 1.3~1.6 米，起垄，垄高 10~15 厘米、宽 50 厘米，覆盖地膜。

3. 合理的种植密度

大棚内施肥较足，植株生长较旺，但光照弱，种植密度应较露地稀，每畦种两行，穴距 28~30 厘米，每穴栽双株，每亩 6 800~7 300 株。

4. 科学管理

菜豆一般行直播，播前浇水不应太多，以湿透为度，尽量避免降低地温。播后立即覆土盖地膜，提高地温，促进菜豆早发芽。否则，易造成烂种。

出苗后，将幼苗及时从地膜下扒出，根际覆土。此时管理上促根炼苗，棚温保持在 15℃ 左右。

至甩蔓前，尽量不浇水，以中耕为主。甩蔓后及时吊绳搭架，防止茎蔓相互缠绕，此期仍适当控制浇水，原则是"浇荚不浇花"。

菜豆进入开花期以后，需要大量的养分和水分，要取得丰产，必须保证植株有良好的营养状态。待嫩荚形成后，结合浇水每亩冲施尿素 10~15 千克。之后，每采收 1 次嫩荚，追 1 次优质速效化肥、三元复合肥或磷酸氢二铵，有条件的追施磷酸二氢钾，每亩 15~25 千克，或与腐熟好的人粪尿交替进行。

5. 棚温管理

大棚内温度高、湿度大，植株长势强，往往叶片幼嫩不抗日晒，如遇连续阴天，一定要同平常一样拉棚、放棚，否则晴天后一旦放风，叶片会发生灼伤。

第四节 叶菜类设施栽培技术

一、生菜深液流水培关键技术

随着生活水平的提高和饮食习惯的转变，食用蔬菜沙拉的人们越来越多，对生菜的需求量也越来越大，传统的土壤栽培方式难以满足人们对生菜的需求，同时人们也越来越重视生菜的安全与质量，无土栽培生菜逐渐被消费者所接受，深液流水培（图4-10）是生菜无土栽培的主要方式，这种方式不仅产量高、品质好、种植效益高，而且洁净无污染，可周年供应。

图4-10 生菜深液流水培

深液流水培的主要特点：营养液层较深（5~10厘米），营养液量大，营养液的温度、浓度、pH相对稳定。

（一）设施设备

生菜深液流水培系统主要包括营养液池、栽培槽和营养液循环系统等。营养液池通常置于地下，有利于营养液的降温与循环。栽培槽采用100厘米×60厘米×30厘米的泡沫槽，泡沫槽可根据实际长度进行拼接，泡沫槽上铺设防水薄膜。营养液循环系统主要是水泵，用于营养液的循环加氧。

（二）品种选择

应根据当地气候与季节特点以及市场需求，选择优质、高产、抗病、耐高温、耐抽薹的品种，主要是奶油生菜和意大利生菜等。

（三）管理

1. 播种育苗

深液流水培采用海绵块育苗。育苗海绵块具有良好的通气性、保水性和缓冲能力。海绵块育苗具成活率高、节省空间及生产成本低等优点。深液流水培采用厚度为25厘米的海绵块，带1厘米的"十"字形小口或圆孔，每块含有80小块。苗床通常用泡沫箱或塑料方盘，也可直接在压实、压平的地上铺上薄膜，然后根据育苗床大小铺上育苗海绵。

播种方法：直接将生菜种子放入每个育苗海绵块的"十"字形口中，以能看见种子为宜，或直接放入育苗海绵圆孔内，每穴播种1~2粒种子。播种后浇适量的清水，以清水覆盖育苗海绵1/3为宜，保持海绵湿润。发芽温度保持在15~20℃，夏季温度过高时可将育苗盘放在阴凉处，有利于种子发芽，冬季可在温室大棚进行。

2. 移栽定植

当育苗海绵下有根系伸出时（7~12天）移栽定植，直接将海绵块连同幼苗放入种植孔中，种植板采用100厘米定植，种植板密度一般以 25 株/米² 为宜，密度过高植株生长空间小，不利于植株展开，易感病，密度过低浪费空间，降低产量。

3. 营养液管理

适合生菜种植的营养液配方有山崎配方、华南农业大学叶菜类配方、园试配方的 1/2 剂量、广东省农业科学院（设施农业研究所）配方等（表 4-1）。

表 4-1　常用生菜营养液配方　　　　　单位：毫克/升

配方名称	硝酸钾	磷酸二氢钾	磷酸二氢铵	硫酸镁	硝酸铵	硫酸钾	四水硝酸钙
山崎配方	506	—	57	123	—	—	236
华南农业大学叶菜类配方	202	100	—	246	80	174	472
园试配方的 1/2 剂量	404	76		246	—	—	472
广东省农业科学院（设施农业研究所）配方	600	75	100	500	—	—	1 200

营养液的酸碱度直接影响生菜根系的生长，一般要求 pH 5.5~7.0，营养液 pH 过高或过低时都会影响生菜对某些元素的吸收，从而引起缺素症状。

生菜营养液电导率值一般保持在 1.5~2.0 毫西门子/厘米。

营养液层保持 5~10 厘米的深度。生菜生长周期短，一般在栽培槽加入 1 次营养液即可满足整个生育期的营养需求。

采用深液流水培栽培生菜需要注意营养液的溶氧含量。目前通常采用以下两种方法来实现营养液的增氧问题。一是通过水泵将营养液抽回栽培槽，实现营养液内部的小循环，在循环过程中利用营养液的落差和打破营养液的气-液界面实现增氧；二是通过营养液回流到贮液池，实现营养液从营养液槽到贮液池的大循环，形成了一定落差实现增氧。

4. 采收

深液流水培栽培的生菜长到一定大小（一般在定植后 30~40 天）即可采收，生菜可以连根包装出售。

(四) 病虫害防治

生菜在设施环境下的病虫害较少，主要是防治小菜蛾、软腐病和菌核病。

1. 育苗期

该时期重点预防病害发生。在育苗前，对种子消毒，采用 62.5 克/升精甲·咯菌腈拌种剂，或 50℃温水消毒 20~30 分钟，使用 10%中生菌素可湿性粉剂 1 500 倍液、6%春雷霉素可湿性粉剂 2 000 倍液或 30%噻森铜悬浮剂 1 000 倍液均匀喷洒。

2. 移栽后

使用 10%中生菌素可湿性粉剂 1 500 倍液或 50%氯溴异氰尿酸可溶粉剂 2 000 倍液，搭配 25 克/升溴氰菊酯乳油 3 000 倍液、1.8%阿维菌素乳油和 0.3%苦参碱乳油 1 500 倍液、5%甲氨基阿维菌素苯甲酸盐水分散粒剂 2 000 倍液均匀喷洒。

二、芹菜秋冬、越冬设施栽培技术

芹菜（图4-11）为二年生或多年生草本，高 15~150 厘米，有强烈香气。芹菜在叶菜类中具有重要的地位，在我国南北方均可栽培。秋冬茬、越冬茬芹菜，夏季在露地育苗，晚秋定植于大棚或温室，霜冻前覆盖棚膜，新年和春节上市。

(一) 品种选择

秋冬、越冬栽培芹菜应选择耐寒性强、品质好、产量高、抽

图 4-11 芹菜

薹晚的品种，如开封玻璃脆、实心芹、津南实芹 1 号、春丰、天津黄苗、潍坊青苗等优良中国芹品种，以及意大利冬芹、犹他 52-70、佛罗里达 683、康乃尔 619 等西芹品种。

（二）播种育苗

育苗的时间根据各地区纬度不同略有差异，一般 7 月下旬至 9 月上中旬分期播种，11 月至翌年 3 月分批采收。北纬 40°以北地区多在 7 月中下旬播种、9 月中下旬定植，苗龄 60 天左右。秋冬茬在播种育苗期间可能会遇到高温天气，注意降温，冬季会遇到低温天气，注意防寒。

1. 浸种催芽

由于芹菜是喜凉作物，高温季节播种须低温催芽，即将种子放入 20～25℃水中浸种 16～24 小时。将浸好的种子搓洗干净，摊开稍加风干后，用湿布包好放在 15～20℃处催芽，每天用凉水冲洗 1 次，4～5 天后，当有 60% 的种子萌芽时即可播种。

2. 播种育苗

育苗期正值夏季高温季节，因此需要精细管理。苗床地应选择既能排水又能灌水、土质疏松肥沃、通风良好的地块。播前床土要深耕晒垡，并结合整地每亩施入充分腐熟的有机肥 3 000 千克作基肥，地要整细整平，做成 1.2 米宽的高畦。

苗床浇透底水后，适墒播种，播种要匀，盖土要细，以不见种子为度。每亩苗床撒种子 0.5~1.0 千克，苗床与定植田面积比为 1：(8~10)（中国芹）或 1：(15~20)（西芹）。因夏季高温多雨，所以要做好防雨降温，加盖必要的遮阳设备。

(三) 苗期管理

1. 发芽期

播种后到苗出土期间要注意遮阴。播种床采用防雨棚（一网一膜覆盖），以防止暴雨冲刷，操作也方便。播种后出苗前，苗床上要覆盖稻草、青草、水浮莲等以降温保湿防暴晒，并经常洒水，保持床土湿润，以利幼芽生长。出苗后，揭去地面覆盖物，无防雨棚架苗床要搭 1.0~1.2 米高凉棚遮阴，用竹帘、芦帘或遮阳网覆盖，要盖晴不盖阴，盖昼不盖夜，大雨时也要盖上。

2. 幼苗期

①间苗。出苗后及苗高 2.5 厘米时（1~2 片真叶）要及时间苗。西芹苗高 10 厘米时（3~4 片真叶）可移苗假植 1 次，苗距 10 厘米×8 厘米，由于种子出苗不齐，移苗时应注意大小苗分开栽，以便于管理，假植苗床同样需要遮阴降温保湿。播种较晚的可不必遮阴。

②除草。芹菜幼苗生长缓慢，要及时拔除杂草，防止草害。可在播种后出苗前每亩用 50% 扑草净可湿性粉剂 100~150 克，或 48% 氟乐灵乳油 150~175 克，兑水 60~70 千克均匀喷洒土面。

化学除草省时省工价廉，效果也较好。

③肥水管理。在整个育苗期间，都要注意浇水，经常保持土壤湿润。浇水要小水勤浇，且应在早晚进行，午间浇水会造成畦表面温差，以致死苗。齐苗后可叶面喷0.3%磷酸二氢钾与0.2%尿素混合液，促进幼苗生长。定植前7天左右控制浇水，炼苗壮根，以利于定植后的缓苗活棵。

(四) 定植

1. 整地作畦

一般每亩施优质腐熟有机肥3 000~5 000千克、过磷酸钙25~30千克、硫酸钾20千克，或草木灰100千克、尿素10千克作基肥，深翻后作成1.2~1.5米宽的平畦。

2. 定植方法

起苗前苗床浇透水，连根起苗，主根留4厘米剪断，以促发侧根。把苗按大小分级，分畦栽植。栽苗时，中国芹按株行距15厘米见方定植，西芹按株行距30厘米见方定植，单株栽植。栽时要掌握深浅，以"浅不露根，深不埋心"为度。栽完苗后立即浇一次大水。

(五) 田间管理

1. 外叶生长期

从第一叶环形成至心叶开始直立生长为外叶生长期，需20~40天。这时期主要是根系恢复生长。随着根系恢复生长和新根的发生，植株陆续长出新叶。由于定植后营养器官面积扩大，受光状况改善，新叶呈倾斜状态生长。此期间应保持土壤湿润，满足养分供应。

①温度调节。温室秋冬茬芹菜缓苗后，气温逐渐下降。一般初霜前后，日温降到10℃、夜温低于5℃时，将温室前屋面扣上塑料薄膜。盖膜初期，光照强，温度高，要注意通风降温。日温

控制在 18~20℃，超过 25℃应及时通风。夜温 13~18℃，土温 15~20℃，促进地上部与地下部同时迅速生长。

②水肥管理。从定植到缓苗约 15 天，需小水勤浇，保持土壤湿润，促进缓苗。缓苗后及时控制浇水，中耕松土，蹲苗 7~10 天，促进根系发育。

2. 心叶肥大期

从心叶开始直立生长至产品器官形成为心叶肥大期，需 30~60 天。该期植株生长速度加快，陆续生长新叶，叶柄积累营养而肥大，是产量形成的关键时期。同时发生大量侧根，主根也因储存养分而肥大。

①温光调节。随外界温度下降逐渐减少放风，并根据天气加盖草苫、纸被等保温覆盖物。严寒冬季 2~3 天通 1 次风，夜间温度要保持在 5℃以上，确保芹菜不受冻。芹菜在营养生长期对光照要求不太严格，适宜的光照强度可满足芹菜生长需求。

②水肥管理。适宜的土壤相对含水量为 60%~80%，空气相对湿度为 60%~70%。水分不足则品质和产量下降。当心叶开始直立向上生长、地下长出大量根系时，标志着植株已进入旺盛生长时期，应结束蹲苗。加强肥水管理，结合浇水每亩追施尿素约 1.7 千克，当内层叶开始旺盛生长时，应追肥 2~3 次，每次每亩追施饼肥 100 千克或尿素 10 千克、硫酸钾 15 千克，生长期间保持土壤湿润。本芹掰收后 1 周之内不浇水，以利伤口愈合。以后心叶开始生长，伤口已经愈合时，再进行施肥灌水。收获前 20 天禁止施用速效氮肥，以免叶柄中硝酸盐含量超标。

③中耕除草。芹菜前期生长较慢，常有杂草为害，要及时中耕除草，中后期地下根群扩展、地上部植株长大时，停止中耕，以免伤及根系影响芹菜生长。

三、韭菜日光温室栽培管理技术

韭菜（图 4-12）属百合科多年生草本植物，具特殊强烈气味。韭菜是日光温室的主栽作物之一，很受日光温室生产者的重视。韭菜对环境条件的要求不严，生产安全；耐寒耐弱光，对温室条件和灾害性天气有着很强的适应能力，栽培技术容易掌握；茬口好，有利于下茬作物防病增产。

图 4-12　韭菜

（一）品种选择

日光温室里栽培的韭菜应选择生长迅速、品质好、叶子宽、直立性强、产量高、抗病、耐低温和弱光的品种。由于温室生产者生产经验、接茬方式和上市时间不同，可根据自己的需要选择不同休眠习性的品种。栽培较多的韭菜品种有汉中冬韭、河南791、杭州雪韭、寿光独根红、嘉兴白根、平韭 2 号、平韭 3 号、平韭 4 号、平韭 5 号等。

（二） 播种育苗

韭菜春秋两季都可以播种。韭菜种子发芽适温 15~18℃，春季播种的时间比较长，谷雨到立夏是春播韭菜的最适时期。秋播可以为下一年扣棚生产早育根株，适播期是白露到秋分。秋播的韭菜种子宜放到冷凉处保存，以防高温导致发芽率降低。

育苗床宜选择富含有机质的肥沃土壤。每亩施有机肥 5 000 千克、磷酸氢二铵 20 千克做基肥，精细整地，使土壤与肥料充分混合，然后作畦。3 月下旬至 4 月上旬播种，每平方米播种量 10~15 克。播种方法是将种子均匀撒在畦面，覆土 0.5~1 厘米，用脚踩一遍，以使种子与床土密切接触。幼苗出土前保持土壤湿润，以利出苗。幼苗期加强管理，注意防倒伏，长势过旺时，可自上部叶片割掉 1/3~1/2。及时除草，当株高 18~20 厘米时即可移栽。

（三） 定植

1. 施肥作畦

韭菜为多年生蔬菜，一次栽培后多年不再耕翻，所以定植前必须深耕，以利根系发育。结合深耕每亩施入优质有机肥 5 000 千克、磷酸氢二铵 40 千克、磷酸钾 10 千克，旋耕两次，使土肥充分混合，整平土地。为使韭菜根系分布均匀，利于分蘖，垄栽时最好栽成小长条而不栽成撮。

2. 适期定植

定植时期根据播种的秧苗大小而定。一般当株高 18~20 厘米或 5~6 片叶时即可移栽。春季播种，应在夏至后定植。秋季播种，第二年春季清明定植。定植时最好避开高温高湿季节，以免影响缓苗。

定植方式一般采用畦栽，行距 15~20 厘米，穴距 10~15 厘米，每穴 6~10 株。栽植深度以不超过叶鞘为宜。

　　定植后的管理以促进缓苗为主。立秋后是最适宜韭菜生长的季节，也是肥水管理的关键时期。此期应加强肥水管理，每隔5～7天浇1次水，结合浇水，追施速效氮肥2～3次，每亩施尿素10千克，促进植株生长，为根茎的膨大和根系的生长奠定基础。

（四）扣膜后管理

1. 扣膜时间

　　种植不需"回青"可连续生产的韭菜时，扣棚前7天可收割一刀。这类韭菜扣膜时间一般是在当地严霜到来之前。北方品种的韭菜，由于具有深休眠特性，需要等到地上部分干枯或基本干枯时扣棚，一般在12月上中旬。

2. 扣膜前的准备

　　①浇水补肥。结合浇水提前造足底墒，前期肥料不足时，可顺水追入硝酸铵、磷酸氢二铵或硝酸磷肥等。

　　②清除残枝枯叶。将田间的枯枝残叶等清理干净，以防传播病虫害。

　　③扒土晾根。用铁齿钩横着扒土，扒至韭葫露出。可以通过冻晒刺激打破休眠，防治根蛆，提高根部温度，使土壤疏松，易于韭菜萌发。扒土多在临近扣膜前露地进行，若地面已结冰，可先扣膜，待地面解冻后再进行。

　　④顺沟灌农药。用晶体敌百虫、辛硫磷等农药兑水顺沟灌入，可毒杀越冬幼虫；同时灌入赤霉素溶液，以利打破休眠。灌药后即可填土将沟楼平。

　　⑤施蒙头粪。韭菜清茬或收割后，在韭菜种植地块上撒一层充分腐熟的牛马粪，既有利于提高地温，又可提供一定的养分，供韭菜及下茬作物的基肥。

3. 扣膜后的温度管理

　　韭菜喜冷凉，生长适温12～24℃，在温室内，由于湿度大、光照弱、温度高，韭菜生长过快，抵抗力下降，这是温度管理不当引起烂韭的一个重要原因。温度过高加上水分不足会引起干尖。因此，严格控制韭菜生长期间的温度，对保证韭菜健壮生长具有重要意义。在清茬和收割后，韭菜尚未萌发前，气温可尽量高些。当韭菜长出地面后，温度要从严掌握。第一刀韭菜生长期间，白天温度 17~23℃，以后各刀生长期间，控制温度上限可比第一刀高些。连秋生长的韭菜，扣棚初期外界温度高，应注意控制温度，温度高时要通过放风来降温。连秋韭菜扣棚初期温度高，可以放底风，但天冷后，特别是"回青"韭菜萌发后，不能放底风。放底风会使韭菜叶子冻伤，还会造成烂韭菜。严冬季节放风时，可开启上排风口，如果温度高、湿度大，设有下风口的也可以上下通风口同时开启。温度管理还要注意夜间温度，夜温低，特别是昼夜温差大，容易造成叶面结露或形成水膜，引起病害发生，所以夜温不宜太低。

4. 分次培土

每刀韭菜植株长到 10 厘米左右高时，就要在前期松土的基础上，从行间取土培到韭菜根部。每次培土 3~4 厘米，随着韭菜生长共培土 2~3 次，最后培成 10 厘米的小高垄。培土可以对假茎起到软化作用，提高韭菜品质，还可把一些向外扩张的株型紧挤到垄中央，有利于改善田间通风透光，使植株生长势壮，也方便收割。

5. 肥水管理

扣膜前浇水，扣膜时不再浇水。扣膜前形成的土壤水分能满足头刀韭菜萌发和前期生长的需要，只要求收割前 7~10 天浇 1 次增产水。这次水不仅能增加产量，保持嫩叶鲜嫩，还能为下刀韭菜的萌发和前期生长提供水分保证。因为韭菜收割后直到长到 7~10 厘米以前，由于伤口尚未愈合，一般不能浇水。

为了使本刀韭菜和下刀韭菜增产，在浇增产水时还可随水追入化肥，可追入硝酸铵或硝酸磷肥，也可施入碳酸氢铵。碳酸氢铵属铵态氮肥，在低温下植物也要吸收铵态氮。吸收铵态氮可以使一些叶色淡的韭菜叶色浓绿。施用铵态氮时要注意放风，防止发生氨气危害，造成干尖。

韭菜喜欢干燥，空气湿度不宜过大，湿度大时，容易发生病害。减低湿度的有效方法是放风排湿，减少地面水分蒸发和加强保温不使夜温过低。

6. 微肥、激素的应用

韭菜可喷施的微肥激素较多，收效也好。生产上使用较多的有赤霉素、叶面宝、光呼吸抑制剂、光和促进剂、爱多收、丰收素、磷酸二氢钾、蔗糖等。

（五）收割

收割时间和方法直接影响韭菜的产量和寿命。需要"回青"的韭菜，当年播种当年扣棚生产时，扣棚前绝对不能收割。不需"回青"的韭菜，当年播种当年扣棚生产时，在扣棚前 6~7 天可留着高茬收割一刀。第二年的韭根准备冬季扣膜生产时，或一大茬生产后进入第二年露地养根期间，也要严格控制收割次数，以便使茎叶制造的养分能更多地积累到地下部分，供扣膜后生长的需要。

连续收割的韭菜两刀之间以相隔 1 个月为宜。第一刀韭菜收割时韭菜最好长足 5 片叶。温室韭菜收割宜在上午进行。收割时把草苫揭开一些，不影响工作即可。在收割完并包装以后再揭开草苫，可保持韭菜新鲜不打蔫。

第五章 果树设施栽培技术

第一节　桃设施栽培技术

　　桃（图5-1）是蔷薇科梨属植物，为多年生落叶果树，桃的果实外观美丽、肉质细嫩、富含多种营养物质，是人们非常喜爱的一种水果。桃（含油桃）以鲜食为主，不耐储藏，季节差价大；树体相对较小，易于栽培管理；生长期短，结果早，产量高。这些特性使桃成为最具设施栽培价值的树种之一。

图5-1　桃

一、桃设施栽培技术

（一）设施要求

桃设施栽培可利用日光温室、塑料大棚、防雨棚等进行，生产上多进行促成加防雨棚栽培。防雨棚是在树冠上用塑料薄膜和各种遮雨物覆盖形成的简易设施，达到避雨、增温或降温、防病、提早或延迟果实成熟等目的。

（二）品种选择

目前桃设施栽培一般为提早栽培，即通过设施栽培使果实提早上市，要达到这个目的，选择的品种应具备如下条件：成熟期明显早于露地极早熟桃，果实发育期为 50~70 天为宜，最多不超过 80 天；果实品质优于露地优良极早熟和早熟品种；成花需冷量最好在 850 小时以下；花粉量大，自花结实能力强，坐果率高；果实大而美观，着色鲜艳，易于成花，早丰产。

适于设施栽培的水蜜桃品种主要有京春、霞晖 1 号、雨花露、庆丰、砂子早生等，蟠桃品种有早硕蜜，硬肉桃品种有五月鲜，油桃品种主要有五月火、早红珠、曙光、早红宝石、艳光、瑞光 2 号。

（三）定植建园

设施栽培桃园应选择背风向阳、排灌便利、土层较厚的砂壤土地。目前生产中桃设施栽培大都采用密植建园，以增加早期产量。但由于桃树的年生长量较大，扩冠快，1 年的露地生长量即可达到理想覆盖率，故一般不搞计划密植，而采用行株距为（2.0~2.5）米×（1.0~1.5）米的永久性定植。在定植时，每个温室或大棚均需配植授粉品种或选用能相互授粉的两个以上品种，以提高结实率。定植前，要对土壤进行改良，结合土壤深翻，每亩施入充分腐熟的鸡粪 5 000 千克或土杂肥 7 000 千克、全元复合肥 20 千克，并将土肥混匀置于定植穴中。

（四）田间管理

1. 整形修剪

①定干。苗木定植后，要及时定干，定干高度 30～40 厘米，在一面坡温室栽培时，要注意掌握南低北高。

②树形。目前设施栽培中采用较多的树形主要有两大主枝开心形、纺锤形、多主枝自然形和自然开心形。两大主枝开心形也称"Y"形，即在距地面 30 厘米左右高的主干上反向着生两大主枝，主枝上着生结果枝组；纺锤形类似于苹果树的纺锤形，中央领导干强壮直立，其上自然着生 8～12 个小主枝或大中型结果枝组；多主枝自然形树体无中心干，在主干留 4～6 个大枝，在大枝上着生中小型结果枝组。

③修剪原则。设施桃修剪以生长季节修剪为主、冬季修剪为辅。生长季节修剪在新梢长到 20 厘米左右时开始反复摘心，促发二、三次枝，及时疏除直立枝和过密枝，改善光照条件，促进花芽形成。冬季修剪以更新、回缩、疏枝、短截相结合，疏除无花枝、过密枝、细弱枝，尽量多留结果枝，并适度轻截，多留花芽，适当回缩更新，控制树势，稳定结果部位。

2. 温湿度调控

①温度调控。桃树的自然休眠期比其他果树相对较短，大多数品种为 30～40 天，需低温时间 850 小时以下，一般 12 月底至翌年 1 月中旬便可通过自然休眠期。此时可扣膜升温。温度管理有 3 个关键时期必须严格加以控制：一是扣棚初期，扣棚后 1～5 天，打开通风口，使温度缓慢升高，防止气温升高过快，地温与室温相差太大，造成根系尚未生长而枝条已经萌芽，一般室内温度应控制在 20℃ 以下；二是开花期，要求白天温度为 20～25℃，夜间不低于 5℃；三是果实膨大期，要求白天控制在 25℃ 左右，

不超过28℃，夜间不低于10℃。温度可通过通风和揭盖草苫来调控。果实采收后，可揭去棚膜。

②湿度调控。从扣膜到开花前，相对湿度要求保持在70%～80%，花期保持在50%～60%，花后到果实采收期控制在60%以下。湿度过大可通过放风或地膜覆盖来调节，湿度过低可进行地面洒水、喷雾或浇水。

3. 花果管理

桃花虽属于自花结实的虫媒花，但在设施栽培条件下缺乏传粉条件，并且有的品种本身无花粉或少花粉，必须进行异花授粉。除配植好授粉树外，还应进行人工辅助授粉，以提高坐果率，增加产量。辅助授粉可采用人工点授法和鸡毛掸子滚授法，还可在温室内放蜂进行授粉。

应本着"轻疏花重疏果"的原则进行疏花疏果。疏花最好在蕾期，只摘除过密的小花小蕾。疏果应在生理落果后能辨出大小果时进行，具体可根据桃树的树龄、树势、品种、果形大小等疏除并生果、畸形果、小果、发黄萎缩果等，保留适宜的果量。

4. 土壤管理

土壤管理主要是松土、除草，每次灌水后应适时划锄，松土保墒。施肥时应注意基肥和追肥配合施用。基肥一般在9—10月秋季落叶前施用，以鸡粪、圈肥等有机肥为主，每株40～50千克。追肥可根据桃树各物候期的需肥特点和生长结果情况灵活掌握，一般在开花前、果实膨大期、摘果后追施硫酸钾等速效肥。灌水的时期和次数与追肥基本一致，即根据土壤湿度结合追肥，在萌芽前、开花后、果实膨大期、采果后等重要物候期进行。因桃树较抗旱而不耐涝，所以要防止土壤过湿，雨季要注意排水。

（五）病虫害防治

设施栽培桃的病虫害主要有蚜虫、红蜘蛛、潜叶蛾、细菌性穿孔病、炭疽病、根癌病和根腐病等，应注意及时防治。

温室内湿度大、通风差，药液干燥慢、吸收多，因此不能按露地的常规浓度使用农药，一般宜稀不宜浓，应采用较安全的低毒、低残留农药，以免产生药害，引起落花落果，造成经济损失。

二、桃设施栽培更新改造技术

随着市场的日趋成熟、桃育种速度的加快，以及消费者对果实品质要求越来越高，设施栽培者也要对原种植的低产低效益的桃进行更新复壮及品种结构升级调整。现将设施栽培桃更新复壮品种改造的生产实践技术介绍如下。

(一) 整园整棚更新

主要适用于早期种植的老品种及种植年限较长的衰老品种。基本方法如下。

1. 重新定植更新

对园经济效益低下、树势极度衰弱、根瘤严重、整个园桃树死亡一半以上的大棚桃，实行一次性刨除更新。刨除后认真清理原树桩及树根。时间可在采收后的6—10月，深翻土壤晒垡。11月至翌年3月中旬萌芽前可起垄定植，同时做好土壤消毒。每亩增施有机肥或充分腐熟的畜禽粪2~3吨或优质饼肥0.5~1.0吨。大棚内为便于采收管理，一般东西方向的大棚南北成行起垄，株行距1米×2米。南北方向的大棚东西成行起垄，株行距1米×2米。

2. 一次性锯除嫁接更新

对于全园重度衰弱、果实品质已不适应市场需求、经济效益低下的大棚品种，可采用一次性锯除嫁接更新（图5-2）。选择当前本地区效益较好的优良品种接穗；对原所有成活的桃树一次性在距地面 10~20 厘米处锯除，并用刀具刻平锯口，24 小时内完成嫁接；选择具有 2~3 个饱满芽的接穗，一头削成楔状，一头用油蜡封闭，插入皮下形成层。每株嫁接 1~2 个接穗，并用塑料薄膜扎紧封严，不透空气及雨水。此种嫁接一般在扣棚后开花前进行。

图 5-2 一次性锯除嫁接更新

3. 芽接更新

选择好品种接穗，在距地面 30~40 厘米处选择 1~2 年生、生长良好的枝条，每株芽接 1~4 个芽片。4 月中下旬至 5 月底前芽接，待芽接伤口愈合后且新接芽片鲜活（一般 10~15 天），于 6 月中旬前从芽接处以上 10~15 厘米处折劈下垂枝条但不折断，促发新接芽片生长。待新接芽片长到一定长度后在距芽片以上 3~5 厘米处剪除，保留新芽继续生长。同时做好肥水管理，并加强植保管理。

（二）棚内部分死树及衰弱树更新复壮

1. 大树移植更新

对于个别死树可采取大树移植更新。选2年生以上尽量与棚内树龄基本一致的大树（最好带土球）移植（图5-3）。时间为落叶后至翌年3月萌芽前移植。

图5-3　大树移植更新

2. 根蘖苗更新

如地上部分衰弱或死亡，在根部又发出较强壮的根蘖苗，可选一个生长到一定程度进行芽接、劈接。大棚内芽接时间可在4月份以后，具体方法可参照上述芽接更新法。根蘖苗劈接更新可在扣棚后萌芽前进行（图5-4）。

3. 新枝更新

对于多年生重度衰弱的树，可采用新枝更新法（图5-5），在原品种嫁接处以上部位选一个生长良好的多年生枝条，不让其结果，向上扶直重新培养树干，管理参照当年定植苗主干型栽培

图 5-4　根蘖苗劈接更新

方法进行。一般当年可达到理想高度，翌年即可正常结果。这种方法适用于对原树形不满意或因病虫害造成树势衰弱较老的树，也适用于大棚内树形逐步改造。时间为扣棚发芽后，注意培养更新复壮。

图 5-5　新枝更新

(三) 更新后管理

1. 栽培管理

更新园区，萌芽前施足基肥，一般为优质菌肥或充分腐熟的经无害化处理的畜禽粪便每亩1~2吨。当新梢生长至15厘米时进行追肥。7月中旬前选用高氮低钾复合型速效肥每亩60~100千克。8月中旬后施1次钾肥，硫酸钾或磷酸二氢钾每亩60~100千克。叶面追肥，7月中旬前用尿素300倍液加磷酸二氢钾300倍液混合液施用2~3遍。8月中旬后施磷酸二氢钾300倍液，每15天1次，连施2次。整个生长季节注意抗旱排涝，保持土壤水分含量适宜。

2. 植保管理

更新后的果园应积极做好病虫害的防治，确保更新树的健壮生长。桃树主要病害有穿孔病、褐腐病、疮痂病、流胶病等。防治方法参照露天大田桃树病害防治法，防治上一般选用对应的药剂，如80%代森锰锌可湿性粉剂800~1 000倍液、70%甲基硫菌灵可湿性粉剂1 000~1 200倍液、10%苯醚甲环唑水分散粒剂2 000~3 000倍液、50%克菌丹可湿性粉剂700倍液等。

为害桃树的主要害虫有蚜虫类（桃蚜、桃粉蚜、桃瘤蚜）、红白蜘蛛、桃潜叶蛾、梨小食心虫、桃介壳虫、红颈天牛、茶翅蝽等。防治对应药剂有10%吡虫啉可湿性粉剂2 000倍液、3%阿维菌素水乳剂3 000倍液、20%丁氟螨酯悬浮剂5 000倍液、40%毒死蜱乳油1 000~1 500倍液、22.4%螺虫乙酯悬浮剂5 000倍液、2.5%高效氯氰菊酯乳油1 500~2 000倍液等。虫害的绿色防控可推广应用性诱剂、迷向丝、杀虫灯等技术措施。

第二节　葡萄设施栽培技术

葡萄（图5-6）为葡萄科葡萄属木质藤本植物，小枝圆柱形，有纵棱纹，无毛或被稀疏柔毛，叶卵圆形，圆锥花序密集或疏散，基部分枝发达，果实球形或椭圆形，花期4—5月，果期8—9月。葡萄作为著名水果，可生食，也可制葡萄干。

图 5-6　葡萄

我国各个地区所处地理位置不同，葡萄栽培目的不一样，所采用的设施也不同。目前葡萄设施栽培主要有促成栽培和避雨栽培两种类型。促成栽培是指早春覆膜保温，后期保留顶膜避雨，即"早期促成、后期避雨"的栽培模式。这是目前应用最广泛的一种栽培类型，适用于早中熟葡萄品种及巨峰系葡萄的优质栽培。避雨栽培只在大棚顶上部覆膜，是避免雨水淋湿的一种栽培方式，也可用小拱棚避雨。这种形式对生长发育无促成作用，主要应用于中晚熟品种及延后栽培。下面主要介绍葡萄设施促成栽培技术。

一、葡萄促成栽培技术

（一）品种选择

葡萄设施栽培主要选结果能力强、易成花、耐低温、耐弱光、果粒大、整齐度高、穗形美观，色泽艳丽、果肉品质好、香味浓郁、综合品质优良、丰产、耐贮运、需冷量低、抗逆性强的品种。

目前葡萄促成栽培品种有碧香无核、世纪无核、东方黑珍珠无核、维纳斯无核、夏黑、早黑宝、京翠、京香玉、京秀、京亚、京玉、早巨选、87-1、8612、无核白鸡心、寒香蜜、维多利亚、凤凰51、黑奥林、里扎马特、矢福罗莎、普列文玫瑰等。

（二）苗木准备

葡萄设施栽植苗木，一般要求一年生苗或二年生苗，苗木要达到以下标准：根系生长良好，分布均匀，根系完整，伤根少，长度大于15厘米的粗根在4条以上；地上部应有15~20厘米的一年生枝段充分成熟，剪口部位的直径不小于0.6厘米，有5个以上的饱满芽。

（三）建园技术

1. 园地选择

设施栽培园地土壤应质地良好、土层厚、微酸至中性，园地东、南、西三面无高大树木、建筑物遮挡，避风向阳，保温条件好，能够满足当地葡萄上市要求。

2. 栽植模式

多年一栽制，即一次定植后连续多年进行葡萄生产。这种方式节省苗木和用工，在栽培管理好的条件下可连续多年保持丰产、稳产。多年一栽制既可用于日光温室栽培，又可用于塑料大棚栽植。这种栽培方式的缺点是如果管理不当，葡萄容易早衰，芽眼成熟不好，春天萌芽率低，萌芽整齐度差，果穗小而松，大小粒严重，不能达到商品生产的要求。

3. 葡萄栽植

①栽植时期。适宜的栽植时期是当地地表 20 厘米处土温达 10℃以上，且晚霜刚结束时。在北方各地，一般在 3 月底至 4 月上旬进行定植。

②栽植密度。多年一栽制采用单臂篱架，株距一般为 1.0~1.5 米，行距为 1.5~2.0 米。东西行小棚架单蔓整枝的株距为 1.0 米；双蔓整枝的株距为 1.5~2.0 米，行距为 3.0~4.0 米。

③挖掘定植沟。定植沟深为 50~70 厘米，宽为 60~80 厘米。挖掘时应将表土和底土分别堆放在定植沟的两侧，挖好后在沟底先填入 10~15 厘米厚的碎草、秸秆，然后每亩施入充分腐熟的有机肥 3 000~5 000 千克，每 50 千克有机肥可以混入 1.0 千克的过磷酸钙作底肥。肥料与表土混匀后回填沟下部，底土与肥料混匀后回填沟中上部，最上部只回填表土以免苗木根系与较高浓度的肥土直接接触，多余底土用于做定植沟的畦埂，然后灌水沉实备栽。

④苗木处理。将已选好的葡萄苗，从假植沟中取出进行检查，剔除具有干枯根群、枝芽发霉变黑或根上长有白色菌丝体的苗木。然后将选出的好苗放入清水中浸泡 12~24 小时，中间换 1 次水。栽前对苗木根系和枝蔓进行适当修剪，把过长的根系适当剪除一部分，尽可能多保留根系，枝蔓要保留 5 节。根系最好蘸泥浆。苗木的地上部要用 5 波美度的石硫合剂浸蘸消毒。

⑤苗木栽植。苗木准备好后，按株距在回填的定植沟中挖栽植穴，深度为 30~40 厘米，直径为 25~30 厘米。将苗木放入栽植穴内，使其根系充分舒展，逐层培土踩实，并随时把苗轻轻向上提动，使根系与土壤密接，最后用底土在苗木周围筑起土埂，

立即灌水，待水渗下后，铺一层干土，并于第二天铺膜，以减少土壤水分的蒸发及提高地温，促进苗木成活。

（四）幼树管理

1. 确定树形

从定植苗抽生的新梢中，按照单臂水平形整形，选留 1 个主蔓加速培养，长至 0.8~1.0 米时要进行摘心，多余的新梢留 4~5 叶摘心，为植株根系提供有机营养。以后再萌发出 2 次梢，保留 1~2 片叶摘心，促使下部芽发育饱满。同时要及时埋支柱，拉铁丝，引缚新梢上架生长。

2. 肥水管理

定植葡萄萌芽后应经常灌小水，新根长出后可追施氮肥（每株 25~50 克），同时灌水，以加速苗木生长。当新梢长达 35 厘米以上时，在苗旁立竿绑梢，加强顶端优势，促进苗木快速生长。7 月后追磷、钾肥，每隔 7~10 天连续喷施 0.3% 的磷酸二氢钾溶液，促进枝芽成熟。

3. 整形修剪

葡萄主蔓生长期间，选留 1 个强壮主蔓培养，在主蔓长到 80~100 厘米时摘心，摘心后萌发的副梢，保留顶端 2 个副梢继续生长，每隔 3~4 片叶反复摘心，其余副梢可留 1 叶"绝后摘心"。促进主梢上冬芽充实或分化为花芽。

第一年冬剪时，主蔓一般剪留 0.8~1.0 米，剪口枝粗直径 1 厘米左右。副梢结果母枝一般疏除，促进主蔓冬芽萌发。

（五）扣棚前打破休眠处理

1. 扣棚时间

设施葡萄扣棚覆膜时间应在满足需冷量，完成自然休眠后进行。如果休眠不足，提前覆膜升温，则会出现萌芽、开花不整齐等情况，影响产量和质量。如果扣棚过晚则达不到提早成熟、增加效益的栽培目的。日光温室在 12 月中下旬扣膜，而塑料大棚则在 1 月中下旬扣棚。

2. 打破休眠处理

①低温调控。当深秋季节（11 月中旬）平均温度低于 10℃时，一般在 7~8℃的时候开始扣膜上帘，白天不见光，夜间通风降温，使棚室温度调控在 7.2℃以下。按照这种方法集中处理 20~30 天，就能使葡萄顺利通过自然休眠。可逐步升温，白天先揭起 1/3 草帘，5 天后揭起 2/3 草帘，再过 5 天后可全部揭帘。

②涂抹石灰氮。在自然休眠尚未结束的 12 月或 1 月初开始加温，必须采取解除休眠的措施，涂抹石灰氮可提早解除休眠，应在升温前 15~30 天进行为好。使用方法：取 1 千克石灰氮加入 5 千克 40~50℃的温水中不停地搅拌，浸泡 2 小时以上使其成均匀糊状，再加入适量展着剂，然后用小毛刷蘸取均匀涂抹在结果枝上部和两侧芽眼处，涂抹长度为枝蔓的 2/3，将涂抹后的枝蔓顺行贴到地面并盖塑料薄膜保湿 3~5 天。经处理的葡萄提早发芽 15 天左右，且发芽整齐，葡萄提早上市 15 天左右。

（六）扣棚后管理

1. 萌芽期

①温室内温度的管理。温室应缓慢升温，使气温和地温协调一致，促进花序发育。8:00 左右揭开草苫，使室内见光升温，16:00 左右再覆盖草苫保温。升温第一周，每隔 2 个揭 1 个草苫，保持白天 13~15℃、夜间 6~8℃；第二周，白天 15~20℃、夜间 7~10℃；第三周至萌芽，白天 20~25℃、夜间 10~15℃。从升温至萌芽一般控制在 25~30 天。

②水分管理。葡萄萌芽期要求高温多湿的环境，需水量多，土壤含水量达 70%~80%，所以在升温催芽开始时，要灌 1 次透水，待水下渗后，及时松土，铺地膜保水，并提高地温，此时棚

内空气相对湿度保持在 80%~90%。萌芽后，新梢开始生长期间，为了防止徒长，利于开花坐果和花芽分化，应适当控制灌水，并注意通风，降低空气相对湿度至 50%~60%，特别是新梢展开 5~6 片叶时，一定要保持室内空气干燥，使土壤含水量适宜，灌水时间应在 10:00—12:00 进行，防止地温下降。

③树体管理。萌芽前应按架式及整形要求对主蔓进行上架、抹芽、定枝、绑蔓工作。设施栽培与露地相比，温度高、湿度大、通风差、光照不足，一般表现为组织嫩、新梢节间长，具有徒长的树相。因此，应早抹芽、早定枝。当新梢生长能够辨认出果穗时，应立即进行定枝，以节省营养，同时，还可保证架面的通风透光条件，以每平方米架面留 12~14 个新梢为宜。

2. 开花期

①温室内温度的管理。萌芽到开花这一时期，葡萄新梢生长迅速，同时花器继续分化。为使新梢生长苗壮，不徒长，花器分化充分，此期要实行控温管理，防止温度过高，白天保持在 20~25℃，夜间以 15~20℃ 为宜。进入开花期前后，温度应稍微提高，控制在白天 25~28℃、夜间 18~22℃，以满足开花、坐果对温度的需要，有利于传粉受精，提高坐果率。

②水分管理。空气湿度过高，棚膜上易凝结大量水滴，既影响光合作用，也诱发多种病害。花期空气湿度过高或过低都不利于开花、传粉和受精。新梢生长期要求空气相对湿度 60% 左右、土壤相对湿度 60%~80%；花期要求空气相对湿度 50% 左右、土壤相对湿度 60%~70%。

③树体管理。为了节省营养，应在花序露出后至开花前 1 周尽早疏除多余的花序。一般 1 个结果新梢留 1 个花序，生长势弱的不留，强壮枝可留 2 个花序，产量应控制在 1 500 千克左右。由于花穗的各部分营养条件不同，一般花穗尖端和副穗营养较

差，坐果率低，品质差，成熟较晚，造成穗形差，果粒大小和成熟度不一致。因此，结合新梢花前摘心，可进行掐穗尖，掐去穗尖的 1/5~1/4 和疏去副穗。对于落花落果较重的品种，如巨峰、玫瑰香等，应疏去所有副穗和 1/3 左右的穗尖，每穗保留 14 个左右的小分支，花序外形呈圆锥状。在即将开花或开花时，对叶片和花序喷布 0.2% 硼砂水溶液，可提高坐果率 30%~60%。盛花期用浓度为 25~40 毫克/千克的赤霉素溶液浸蘸花序或喷雾，不仅可以提高坐果率，而且可以促进浆果提早 15 天左右成熟。在初花期喷布 100~150 倍液的助壮素，可使巨峰葡萄的坐果率提高 30%~50%。在初花期对主蔓基部进行环剥能显著提高坐果率，使果穗粒数提高 22.43%~30.75%。环剥宽度不超过茎粗的 1/10，一般为 0.3~0.4 厘米。

3. 结果期

（1）温室内温度的管理

此期要实行控温管理，防止温度过高。果实膨大期，为促进幼果迅速膨大，棚内白天温度应适当提高，以 28~30℃ 为宜，夜间为 18~22℃，此时，棚外气温有所回升，棚内温度上升较快，要特别注意白天超温现象，若白天温度高于 30℃ 时，应及时通风降温，防止温度过高，造成日灼现象。进入浆果成熟期，为增加树体的营养积累、提高葡萄糖分，可加大昼夜温差（达 10℃ 以上），因此白天应控制在 28~30℃，最高不超过 32℃，夜间温度为 15~16℃。当外界露地气温稳定在 20℃ 以上时，应及时揭去覆盖的薄膜塑料，使葡萄在露地气温下自然发育。

（2）光照管理

葡萄是喜光植物，对光的反应很敏感，光照充足时，枝叶生长健壮，树体的生理活动增强，营养状况改善，果实产量和品质提高，色香味增进。光照不足时，枝条变细，节间增长，表现徒长，叶片变黄、变薄，光合效率低，果实着色差或不着色，品质变劣。而光照强度弱、光照时数短、光照分布不均匀、光质差、紫外线含量低是葡萄设施栽培存在的关键问题，因此必须采取有效措施改善栽培设施的光照条件。

（3）水肥管理

果实膨大期需水量大，为促进果粒迅速增大，在谢花后25天左右，可灌1~2次透水，使土壤含水量达70%~80%，棚内空气相对湿度控制在70%左右；果实着色期开始直至采收期以前，要停止灌水，以利于提高果实的含糖量，促进着色和成熟，防止裂果，棚内空气相对湿度50%~60%，土壤相对湿度60%左右。

坐稳果后，为促进果粒膨大，每株可追施磷肥100克左右。浆果开始着色时，及时追施速效性磷、钾肥1~2次，亦可每隔10天左右叶面喷布0.3%的磷酸二氢钾溶液2~3次。

（4）树体管理

①疏果。谢花后15~20天，根据坐果的情况及早疏去部分过密果、单性果、小果和畸形果粒，保留大小均匀一致的果粒，并限制果粒数，一般大型穗可留90~100粒果，穗重500~600克；中型穗可留60~80粒，穗重400~500克。巨峰每穗可留30~50粒，穗重350~500克；藤稔等品种可控制在每穗25~30粒，穗重400~500克，以利果穗的整齐美观，符合高档商品果的要求。

②果穗套袋。果穗套袋是提高鲜食葡萄外观品质的重要措施，可以防止病虫和鸟类为害以及农药和尘埃污染，减少喷药次数。套袋宜在葡萄疏果粒后进行，套前应喷布一遍杀菌剂，袋口一定要扎严。有色品种应在成熟前10~15天去袋，摘袋以在10:00—12:00和14:00—16:00进行为好，尽量避开12:00—14:00的高温期，以促进着色和防止日光灼害。如有鸟害，可只

撕去纸袋的下半部。对透光度好的纸袋和塑膜袋以及可在袋内着色良好的红色和黄色品种,不需提前去袋。

③摘叶转果。从果实着色期开始,在疏除部分徒长枝、密集枝和梢头枝的基础上,于摘袋后 3~5 天及时摘叶。葡萄开始着色时,摘除枝条基部老叶,将靠近果实的叶片摘除,以利于果穗接受阳光,但叶片不能摘除过多,以免造成光合产物不足。果穗阳面基本着色后,要及时将果穗背阴面转向阳面,并用透明胶带牵引固定,使果穗全面着色。喷光合微肥加 0.3%磷酸二氢钾 1 次,隔 1 周后再喷 1 次,可促进葡萄着色。

④铺反光膜。在果穗着色期于地面铺银色反光膜,可显著提高树冠内部光照强度,特别是增加树冠中下部的光照,对提高果穗含糖量有显著效果。铺反光膜的时间为果穗着色期(果收前 30~40 天),可在地面行间和设施后墙面悬挂。反光膜不能拉得太紧,以免因气温降低反光膜冷缩而造成撕裂,影响反光膜的效果和使用寿命。采果前将反光膜收起,洗净后翌年可再用。

⑤新梢管理。大棚葡萄种植密度大,新梢生长迅速,当新梢长至约 40 厘米时,应及时按整形要求引缚到架面上,使架面通透性好,利于植株生长,切忌放任新梢自由延伸,因其易使新梢密集,叶片功能下降,植株病害加重。结果新梢一般在花序以上 5~7 片叶摘心,以提高坐果率,对于落花落果较重的欧美品种,可采取强摘心,在花序以上 4~6 片叶摘心,同时掐卷须,摘心后,萌发的副梢留新梢顶端留一副梢,对其留 2~3 叶反复摘心,其余副梢全部抹除。

(七)病虫害防治

设施葡萄的主要病害是葡萄白粉病、灰霉病、霜霉病、黑痘病等,主要虫害有蓟马、葡萄虎蛾、蚜虫、蚧壳虫等。

葡萄设施栽培中,覆膜后防治病虫害时,对农药浓度应特别注意，宜低不宜高。萌芽前喷 3~5 波美度石硫合剂，铲除植株上病菌；发芽至花序分离期喷 10%氯氰菊酯乳油 1 500 倍液加 0.5%磷酸二氢钾防治蓟马及增加植株营养；开花前后喷 70%代森锰锌可湿性粉剂 800 倍液、50%异菌脲可湿性粉剂 1 500 倍液、50%腐霉利可湿性粉剂 800 倍液、65%甲霜灵可湿性粉剂 800 倍液等防黑痘病、霜霉病、灰霉病；果穗生长期要喷两次 1∶0.5∶200 波尔多液；采收前半月喷 12.5%烯唑醇可湿性粉剂 2 500 倍液加 0.5%的磷酸二氢钾。另外，可罩防虫网，防控虫、鸟为害。

(八) 采收与包装

设施栽培的葡萄主要用于鲜食，因此，采收时期不能过早，必须达到该品种固有的色泽和风味完全成熟时才能采收。如果鲜食葡萄需外销长途运输，按照运距和市场需求，只要糖酸比合适，果实具备了该品种良好的风味，可以适当早采，有利于运输和提高效益。

采收时应选择晴天早晨或傍晚进行。用采果剪或剪枝剪，一手托住果穗，一手用剪子将果梗基部剪下。为了便于包装，对果穗梗一般剪留 4 厘米左右，既有利于提放，又比较美观。剪下的果穗轻轻放入果筐内，注意在采收过程中要轻拿轻放，防止磨掉果粉、擦伤果皮。包装前对果穗再进行一次整理，去掉病果、虫果、日灼果、小粒、青粒、小副穗等。

设施栽培生产的葡萄属高档果品，合宜的包装能提升商品的档次，提高商品吸引力和市场竞争力。同时，美观而实用的包装容器能使果品在储运过程中减少损伤，便于搬运及携带。目前，国内外大多实行盒式小包装，再行装箱。一般用印有精美图案和商标的小纸盒或软质透明塑料盒，分 1 千克、2 千克、4 千克等不同重量规格包装。纸盒有提手，内衬无毒薄膜袋，葡萄装入袋内，扣好纸盒，再放入各种包装箱内封盖外运。为了防腐，可在食品袋内或箱内装入保鲜药片。常用包装材料有木箱、硬纸箱、塑料箱、泡沫塑料箱、塑料袋等。

二、葡萄根域限制栽培技术

根域限制栽培是指利用物理或生态的方式将果树根系控制在一定的容积内，通过控制根系生长来调节地上部的营养生长和生殖生长的一种新型栽培技术。根域限制栽培技术是近年来果树栽培技术领域一项突破传统栽培理论、应用前景广阔的前瞻性新技术。

（一）根域限制栽培的模式

目前常见的根域限制栽培模式有 4 种。

1. 垄式

在地面铺垫塑料膜，在上面堆积营养土成垄，将葡萄种植在其中。生长季节在垄的表面覆盖黑色或银灰色塑料膜，保持垄内土壤水分和温度的稳定。垄的规格因栽培密度而不同，一般行距 8 米时，其垄的规格应为上宽 100 厘米、下宽 140 厘米、高 50 厘米。垄式限根栽培的优点是操作简单，但根域土壤水分变化比较大，生长容易衰弱，必须配备良好的滴灌系统；而且垄式栽培时根系全部在地面以上，冬季容易出现冻根现象，在北方产区应当慎用。

2. 沟槽式

采用沟槽式进行限根。挖深 50 厘米、宽 100 厘米的定植沟，有积涝风险的地区还需要在沟底再挖宽、深各为 15 厘米的排水暗渠。

用厚塑料膜（温室大棚用）铺垫定植沟、排水暗渠的底部与沟壁，排水暗渠内填充毛竹、硬枝、河沙与砾石（有条件时可用渗水管代替），并和两侧的主排水沟连通，保证积水能及时排出。

3. 垄槽结合式

将根域一部分置于沟槽内，一部分以垄的方式置于地上。一般以沟槽深度 30 厘米、垄高 30 厘米为宜。沟垄规格因行距而不同，一般行距 8 米时，沟宽 100 厘米，垄的下宽 100 厘米、上宽 60~80 厘米。垄槽结合模式既有沟槽式的根域水分稳定、生长中庸、果实品质好的优点，又有垄式操作简单、排水良好的好处，还能在很大程度上减少冬季冻根的风险。

4. 坑穴式

在地面以下挖出一定容积的坑，在坑内放置控根器，控根器下部用园艺地布做底，内填营养土后栽植葡萄苗。根域的容积以树冠投影面积计算，根域的范围控制在每平方米树冠投影面积 0.125~0.200 平方米，根域厚度以 40~50 厘米为宜。

(二) 种植土壤要求

根域限制栽培模式下，根系分布范围被严格控制在树冠投影面积的 1/5 左右，深度也被限制在 50 厘米左右的范围。因而，须提供良好的土壤环境，可提高根域土壤有机质含量到 20% 以上、氮含量到 2% 以上，一般用优质有机肥与 6~8 倍量的熟土混合即可。

(三) 水肥管理

根域限制栽培是将葡萄栽培在超高有机质的土壤中，以此保证根系生长质量和呼吸质量，它和常规栽培的肥水管理完全不同。常规栽培将肥料施入土壤中，利用土壤的缓冲后，肥料才被根系吸收，而根域限制栽培是肥料直接接触根系，将根系限制在一定区域中，促发大量吸收根，提高肥料吸收利用率。因为肥料直接接触根系，所以必须要采取肥水一体化的供应，要限定肥液浓度，以免浓度过高而伤根，同时还要限定肥液中重金属等有害物质的含量。这种栽培技术前期基部不需要施肥，在栽培 3~4

年后，适当扩盘，同时供应强化水溶性有机肥即可。

根域限制栽培模式下，葡萄的整形修剪、花果管理以及病虫害防治技术可参考葡萄设施促成栽培技术，这里不再重复介绍。

第三节　草莓设施栽培技术

草莓（图 5-7）是蔷薇科草莓属多年生草本植物。草莓根系较浅，具有喜光耐阴、喜水怕涝等特点。草莓营养价值高，含有多种营养物质，且有保健功效。草莓色泽艳丽，浆果芳香多汁、酸甜适口，素有"早春第一果"的美称。

图 5-7　草莓

一、设施草莓土壤栽培技术

（一）品种选择
进行土壤栽培的设施草莓品种要求休眠期短、花芽分化早、耐寒、对低温不敏感、不易矮化、花粉多而健全、果型大而整齐、产量高、口感好，同时还要考虑市场需求、栽培地区气候条件和生态环境，目前设施栽培的优良草莓品种有丰香、雪蜜、佐贺清香、日本99、甜查理、宝交、章姬等。

(二) 培育壮苗

选择未栽植过草莓和瓜类、茄果类蔬菜的有机质含量高、土质疏松、透气、肥沃、排灌方便的砂壤土地做苗圃。每亩土地施优质圈肥或畜禽粪2 500~3 000千克，耕翻、耙细，后整成宽1.5米，长25~30米的平畦。选择健壮、无病虫害的优质植株（最好使用脱毒苗），去掉老叶残叶，于4月下旬至5月上中旬带土定植于苗圃中。每畦正中栽植一行，株距0.5米。栽后浇水每株浇灌肥水，防治土传病害，促苗健壮、根系发达、抗灾性能强。

定植以后注意小水勤灌，做到见干见湿，及时锄地松土。严禁大水漫灌，防止秧苗徒长。如果植株生长偏弱可结合灌水撒氮磷钾复合肥20千克/亩。

①母株与匍匐茎管理。栽植后如果母株上出现花蕾须及时摘除，减少营养消耗，促进多发匍匐茎和形成健壮子株。为了使所发子株坐落均匀，需对匍匐茎进行定位，用细树条弯成"U"形扎入土内固定子株，使子株间距保持12~15厘米。每株母株可保留5~10个匍匐茎，在匍匐茎长出2~3株苗时摘心，促苗健壮。过密的子株要及时摘除，维持株丛间通风透光，以便培育健壮的子株。

②断根去叶促花芽分化。在7月底至8月初光照强、温度高时，用黑色遮阴物在1.5米高处的平面上，遮住草莓苗，以满足草莓花芽分化所需的短日照和低温条件。草莓进入花芽分化时期，此时期对秧苗进行断根和去叶处理，可以明显加快花芽分化的进程。断根需在雨后或浇水后进行，用宽披灰刀在离植株根

部周围 5 厘米远处，深切一周，切口入土壤深度 10 厘米左右，切后轻轻摇动刀柄把切口加宽即可。断根的同时要摘除草莓植株基部的老叶，每株只保留 3~4 片叶。

（三）土壤消毒

棚室可利用太阳能或药物消毒，除杂草，灭地下害虫。

（四）施足有机肥，整地作畦

8 月中下旬定植。栽前 1 周整地，每亩施优质农家肥 3 000~4 000 千克、饼肥 100 千克、复合肥 50 千克，深翻 25 厘米后整平耙细，采用深沟窄畦，每畦沟宽 90 厘米左右，沟宽 40 厘米，沟深 30 厘米，畦面保持 50 厘米。畦面做成龟背形，防畦面积水。

（五）定植

棚室栽培草莓的定植时期为 8 月底至 9 月中旬，采用单畦双行三角形种植，行距 25 厘米，株距 15~18 厘米，亩栽 8 000~10 000 株。尽量在阴雨天或晴天 16：00 以后带土移栽，注意定向种植，将草莓苗根的弓背部朝向畦沟，便于果穗落到畦的两侧，利于受光和采收。栽苗深浅适宜，做到"上不埋心，下不露根"，栽后连续浇小水，直到成活为止。

（六）适时保温，调节温湿度

从定植到覆膜是草莓植株营养生长旺盛期，主要管理措施是浇水、摘叶、中耕除草。当夜间气温降到 8℃ 左右时，开始盖棚膜保温，一般在 10 月 20 日前后。盖膜不宜过晚，当夜间气温降到 5℃ 以下后，草莓进入休眠。扣棚膜保温后 10 天，浇一次透水，将病叶、老叶、枯叶清理干净，然后覆盖地膜，选用黑色地膜，可以提高地温，降低棚内湿度，防止杂草生长。覆地膜过早，地温上升迅速，容易伤害根系，也影响第二、第三腋花芽继续分化。覆地膜时，两头搜紧，紧贴地面铺平，纵向不能拉出皱褶，以免存水。盖地膜前最好在畦中间放上滴灌管，进行滴灌，减少棚内湿度。

草莓生长发育各时期对气温有不同的要求，棚室增温后应尽可能予以满足。

草莓设施栽培温湿度的调节主要靠放风。展叶、吐蕾期，温度适当高些，有利于开花和蜜蜂授粉。果实膨大期降低昼夜温度，利于果实膨大，温度过高，果实不易膨大，未等充分膨大果实即着色变红。成熟期温度低些，有利于营养积累，改善果实品质。空气相对湿度一般保持在 70%～80%，开花期湿度要小一些，一般为 60%。但要注意避免使地面和空气湿度过大。温室内湿度大、温度高时，草莓易感染灰霉病、白粉病等。

（七）肥水管理

草莓设施栽培要多次追肥，才能满足植株和果实对营养的需求。一般定植苗长到 4 片真叶时，亩追尿素 7.5 千克或磷酸氢二铵 20 千克，追肥后及时浇水和中耕。10 月中下旬至 11 月上旬扣棚覆地膜前结合浇水亩施硫酸钾复合肥 10 千克。保温后在果实膨大期（果实长到小拇指大小）、顶果采收初期各追肥 1 次，每亩每次施氮磷钾复合肥 10 千克。第 1 次采收高峰后，每 30 天追肥 1 次，防止植株早衰，恢复长势。

二氧化碳气肥是光合作用合成碳水化合物的重要原料。冬季棚内二氧化碳浓度经常低于大气，增施二氧化碳能促进生育转旺，成熟期提前 1～2 周，并能提高产量，改善果实品质。目前生产上大多采用反应法提供二氧化碳，利用碳酸氢铵和硫酸通过二氧化碳发生器，产生二氧化碳直接放到大棚内。

草莓定植后，缓苗期间浇水较多，可促进秧苗成活，成活后，土壤表土发干即浇水。覆地膜前追肥浇水。扣棚后至开春一般不追肥不浇水，干旱时浇水最好采用膜下滴灌，以降低室内空气湿度。开花期控制浇水，果实坐住到成熟要及时浇水，保持土壤湿润。采收前要控制浇水。冬季温度较低，浇水要控制用量，忌大水漫灌，使棚内湿度过高，诱发灰霉病、白粉病流行。

（八）植株管理

草莓定植 15 天后植株地上部开始生长，心叶发出并展开，此时应将最下部发生的腋芽及刚发生的匍匐茎及枯叶、黄叶摘除，但至少保留 5~6 片健叶。生长旺盛时会发生较多的侧芽，浪费养分，影响草莓开花结果，应及时摘除。衰老叶制造光合产物少，而呼吸消耗大，对草莓生长和浆果发育不利，匍匐茎的无谓发生也消耗母体营养。因此，结果期对下部衰老叶要及时摘除，植株基部的叶片由于光合能力减弱也应摘除，每株保持 4~6 片功能叶，并及早去除匍匐茎。另外，在开花前后疏除一定的高级次花果，不仅可降低畸形果率，也有利于集中养分供应低级次花果发育，使果实增大，提高整齐度。

草莓促成栽培中，喷洒赤霉素可以防止植株进入休眠，促使花梗和叶柄伸长生长，增大叶面积，促进花芽分化和发育。赤霉素处理时间，一般在扣棚后 7~10 天（天气晴好情况下），喷施 5~10 毫克/千克的赤霉素，如果喷施后植株生长状况尚未得到明显改善，可在显蕾期再喷施 1 次。喷时重点喷到植株心叶部位，用量不宜过大，否则导致植株徒长、坐果率下降和后期植株早衰。

（九）辅助授粉

冬季棚室环境条件差，气温低、湿度大、昆虫少、日照短，不利于草莓开花及授粉受精，易产生大量的畸形果，影响产量和品质。通过辅助授粉可增大果实体积，提高产量，使果形整齐一致。目前，草莓设施栽培人工放蜂可以促进草莓授粉受精，减少畸形果，提高坐果率，明显提高产量。一般每栋大棚可放 1 个蜜蜂蜂箱，放养时间在草莓开花前 5~6 天提早进行，以使蜜蜂在开花前能充分适应大棚内的环境，直至翌年 3 月。如棚内病虫害发生严重必须喷药或烟熏时，要把蜂箱底部蜜蜂出入口关好。大棚内花量少时蜜蜂需人工喂养。

（十）适时采收

由于草莓的一个果穗中各级序果成熟期不同，因此必须分期采收。冬季和早春温度低，要在果实八九成成熟时采收。采收时间最好在晴天进行，避免在气温高的中午采收，以清晨露水干后至午间高温来到之前或傍晚转凉后采收为宜。草莓果实的果皮非常薄，果肉柔嫩，所以采摘时要轻摘、轻拿、轻放，同时要注意不要损伤花萼。为了保证草莓的质量、提高草莓商品价值，要分级盛放，同时搞好包装工作。

（十一）病虫害综合防治

草莓栽培病害主要为白粉病、灰霉病、炭疽病、叶斑病等。大棚土壤栽培中，应实行 4 年以上的轮作。冬季清园，烧毁病叶，及时摘除地面上的老叶及病叶病果，并集中深埋。采用高畦或起垄栽培，尽可能覆盖地膜，进行土壤消毒。药剂防病避开在开花期喷药，以免造成过多的畸形果。药剂防治选 70% 甲基硫菌灵可湿性粉剂 1 000 倍液，或 25% 三唑酮可湿性粉剂 3 000~5 000 倍液，或 50% 腐霉利可湿性粉剂 800 倍液，或花前喷 65% 代森锌可湿性粉剂 500 倍液，或 50% 异菌脲可湿性粉剂 1 000 倍液，交替使用，以防产生抗性。

草莓常见虫害有蚜虫、白粉虱、螨类等。要及时摘除病老残叶；在放风口处设防虫网阻隔；挂银灰色地膜条驱避蚜虫。防治蚜虫，可用 10% 的吡虫啉可湿性粉剂 1 500~2 000 倍液，或 50% 抗蚜威可湿性粉剂 2 000 倍液喷 1~2 次；防治白粉虱，可用 25% 噻嗪酮可湿性粉剂 2 500 倍液，或 2.5% 氯氟氰菊酯乳油 3 000~

10 000 倍液；防治螨类，可用 43% 联苯菊酯悬浮剂 20～30 毫升/亩兑水喷洒 2 次，间隔 7 天左右喷 1 次。

二、设施草莓无土栽培技术

近年来，我国草莓设施栽培发展迅速，但传统的大棚土壤栽培方法劳动强度大，且土传病害（如炭疽病、叶枯病、黄萎病等）、连作障碍（常表现为植株衰弱、根系老化、果实变小）等问题已成为制约大棚草莓进一步发展的重要因素。无土栽培是克服土壤连作障碍、降低劳动强度较为有效的一种生产方式，在国内外已被广泛应用于草莓生产。

（一）园地选择

草莓园地必须建在离城区较近、交通方便、配套设施完善的地方。为防止环境污染影响草莓的品质，要远离工厂。

（二）设施建造

可选智能温室大棚和连栋大棚，由于采取立体栽培模式，智能温室大棚和连栋大棚的高度都能满足要求。大棚南北走向，棚内建立体草莓种植架及配套草莓种植槽。

1. 智能温室

智能温室属高端设施栽培，可建玻璃温室，也可建 PC 板智能温室，配套设施有内外遮阳系统、通风系统、风机水帘降温系统、喷灌系统、配电及电动控制系统等。

2. 连栋大棚

连栋大棚多采用 PC 薄膜建造，四周立面采用优质阳光板，顶部采用优质无滴膜覆盖，采用顶开窗或侧开窗，设遮阳系统和电控系统等。

（三）基质准备

采用基质栽培，可以不受土壤条件限制，能够连年大棚种植，并克服土传病害的影响，生产的草莓可以保持上等品质。不同栽培基质对草莓无土栽培生长和结果有很大影响，根据有关研究资料，适宜草莓生长的基质配比有草炭土：珍珠岩：蛭石＝4：1：1，腐熟的鸡粪：腐熟的牛粪：细土＝1：1：1，牛粪：鸡粪：谷壳＝5：1：4，或羊粪：鸡粪：谷壳＝4：1：5。

（四）定植

定植时间以 9 月上中旬为宜。定植密度根据品种、种苗生长势确定。一般行距 30 厘米以上、株距 20 厘米以上，每亩定植5 000~9 000 株。定植前要对种苗大小进行分级筛选，保证每亩定植的种苗大小一致；要摘除种苗上的老叶、病叶及匍匐茎；定植时要注意定向定植，将草莓苗弓背弯朝外，倾斜栽植。栽培时要掌握"深不埋心、浅不露根"的原则。定植后保持基质湿润，并及时检查生长情况，对露根苗等不合格苗应重新种好，缺苗的要及时补种。

（五）肥水管理

草莓栽培的过程中需要严格把控施肥环节，因为施肥不仅会对草莓的果实品质造成影响，同时还会对草莓自身的生长造成影响。在草莓的花芽分化期和开花期，应注意加强草莓植株的肥水管理，尤其是科学合理调整好氮肥的施入，适时掌握草莓的移栽时期，可以有效防控或避免发生草莓雌雄不健全花。

定植后及时浇水，保证草莓苗成活。移栽后 7 天内保持基质湿润，基质干后在上午及时浇水，浇水以湿而不涝、干而不旱为原则，小水勤浇。为提高产量，在第一花序果实膨大期、第一次采收后、侧花序果实膨大期和侧花序果实采收高峰每亩分别施硫酸钾复合肥 3~4 千克，同时配合施用磷酸二氢钾等叶面肥以避免草莓口感酸化，提高草莓品质。

（六）植株管理

草莓生长过程中要及时摘除病叶、老叶及枯叶，同时去除刚抽出的腋芽和匍匐茎，防止消耗植株养分，以提高结果率和果重。此外，要及时去除结果后的花序，促进植株抽出新花序。

在顶花序开花时保留主茎两侧的 1~2 个健壮侧芽，其余弱小侧芽和匍匐茎应及早摘除。同时在结果期根据留芽数每个芽留 4~5 片绿叶，每株保留 10~15 片绿叶，要经常摘除衰老的叶片。

（七）花果管理

1. 疏花疏果

对于草莓的高级次花要及时摘除，对于病果、白果、小果、畸形果及时进行观察并及早疏除，保证草莓果实的正常生长发育，如此可以大大提升草莓果的质量，减少畸形果的发生。在花蕾分离至第一朵花开放期间，根据限定的留果量，将高级次的花蕾适量疏除。一般第一个花序保留 10~12 个花，第二个以下花序保留 6~7 个花，将多余低级次小花疏去。疏果是在幼果青色的时期，及时疏去畸形果、病虫果，一般第一个花序保留果 7~8 个，第二个以下花序保留果 4~6 个。疏花疏果的好处是着果整齐、增产、品质好。

2. 赤霉素处理

使用赤霉素可以防止植株休眠，促使花梗和叶柄伸长，增大叶面积，促进花芽分化。喷施赤霉素应掌握好时间和用量，赤霉素处理的时间和次数与品种有关。一般萌芽至现蕾期，用赤霉素 5~10 毫克/升，15~20 天喷 1 次，休眠浅的品种喷 1 次，深的喷 2~3 次。

（八）辅助授粉

辅助授粉是设施草莓优质高产高效栽培的关键技术之一，否则会产生大量畸形果，影响产量、商品性和效益。草莓是典型的虫媒花植物，借助蜜蜂等昆虫进行授粉是非常关键的。在设施温室内适度放蜂，可提高坐果率，一般在草莓开花前的 1 周进行室内放蜂。

当设施温室内草莓进入花期，每标准棚内（100 米 × 7 米）放蜜蜂一箱。蜜蜂对温度、湿度和各类农药非常敏感，室内温度、湿度过高及打药均可造成蜜蜂死亡，蜂箱离开地面应 50 厘米以上，打药时将蜂箱搬出。此外也可以人工辅助授粉，人工授粉于草莓的开花盛期进行，用细毛掸于草莓的花序左右轻擦而过即可。

（九）采收与包装

草莓在成熟采摘时，应根据需求掌握采摘成熟度，长途运输时应采八成熟果，短途运输应采九成熟果，即时观光食用采完全成熟果。在采摘的过程中，用劲不能过猛，应该用手托住果实，然后轻轻地扭转，摘下果实。在采摘完成后，要轻拿轻放，防止碰坏。采摘的时间最好是在早上或傍晚。观光农业园要注意创造品牌效应，应设计精美的草莓包装盒，容量在 1.0 ~ 2.5 千克，不能设计太大的包装盒，以免压伤草莓，材质可选用纸盒、塑料盒、塑料泡沫盒、编织篮及塑料篮等。

（十）病虫害防治

草莓常发病害有炭疽病、白粉病、灰霉病。开花前可采用化学防治方法，使用硫黄熏蒸灯，每亩放 4 盏；25% 己唑醇悬浮剂 1 000 倍液、30% 戊唑·嘧菌酯悬浮剂 1 000 倍液或 30% 苯甲·嘧菌酯悬浮剂 1 500 倍液均匀喷洒。开花期开始放蜂，禁止用药，控制病害可以采取调节室内温、湿等方式进行，降低室内湿度是减少病害的有效措施。初见发病株要拔除带出棚外。虫害主要有蚜虫、红蜘蛛和甜菜夜蛾等，前期可用 40% 氯虫·噻虫嗪水分散粒剂（福戈）3 000 ~ 4 000 倍液防治。放蜂前也可用色板、糖醋液诱蛾等物理方法防治，放蜂后禁用。

第六章　花卉设施栽培技术

第一节　切花类花卉设施栽培技术

一、百合设施栽培技术

百合（图 6-1）是百合科百合属植物，适应性较强，喜凉爽、湿润的半阴环境，较耐寒冷，属长日照植物。无性繁殖和有性繁殖均可，生产上主要用鳞片、小鳞茎和珠芽繁殖。百合花姿雅致，叶片青翠娟秀，有较高的观赏价值。在我国百合具有百年好合、美好家庭、伟大的爱之含义。

图 6-1　百合

（一）品种选择

冬春种植宜选择生长势强、植株高、茎秆粗的品种；秋季种植需选择对光照不敏感的品种；夏季宜选用耐热、抗病、茎秆高、盲花率低的品种。除此之外，还要考虑市场前景、产品生产成本和生产周期、品种的特性。作为切花百合栽培，主要选用以下品种。

1. 亚洲百合杂种系

花朵向上开放，花色鲜艳，生长期从定植开花一般需 12 周。适用于冬春季生产，夏季生产时需遮光 50%。该杂种系对弱光敏感性很强，冬季在设施中需每日增加光照，以利开花，若没有补光系统则不能生产。

2. 麝香百合杂种系

花为喇叭筒形、平伸，花色较单调，主要为白色。属高温性百合，夏季生产时需遮光 50%，冬季在设施中增加光照对开花有利。从定植到开花一般需 16~17 周，生长期较长，有些品种生长期短，仅 10 周。

3. 东方百合杂种系

花型姿态多样，花色丰富，花瓣质感好，有香气。生长期长，从定植到开花一般需 16 周，个别品种长达 20 周。要求温度较高。夏季生产时需遮光 60%~70%，冬季在设施中栽培对光照敏感度较低，但对温度要求较高，特别是夜温。

（二）种球处理

种球的质量是百合切花栽培的关键，首先选择好的种球，在 10~15℃阴凉处进行缓慢解冻。若不能及时种植，将种球放置在 0~2℃条件下，可保存 2 周，2~5℃条件下可存放 1 周，存放时应打开塑料包装薄膜。待种球完全解冻后，用多菌灵或高锰酸钾配成消毒液浸泡消毒。为了提高日光温室的利用率，保证百合生长期一致、花期一致，需对未萌芽的鳞茎进行催芽处理。将鳞茎排放在厚 3~4 厘米经过消毒的基质上，然后再盖上 2~3 厘米的基质，浇水后在 18~23℃ 的条件下进行催芽，正常情况下 4~5 天即可发芽。如果是收获的二茬种球，需先进行种球消毒，然后用 7~13℃ 低温冷藏，44~45 天打破休眠，即可种植。

（三）整地作畦

1. 改良土壤

百合对盐极敏感，高盐量的土壤会抑制根系吸水，从而影响百合茎的高度。百合喜欢疏松透气、排水良好、富含腐殖质、土层深厚的微酸性砂质土壤，有条件的可使用优质泥炭作畦栽培。偏碱性土壤可使用石膏、磷石膏、硫酸亚铁、腐殖酸钙等配合有机肥改良土壤。每亩施入充分腐熟的堆肥、厩肥等 2 000~3 000 千克，配合施用硫酸钾及过磷酸钙等磷钾肥 30~40 千克。

2. 土壤消毒

在种植过百合的地块要进行土壤消毒，40% 的福尔马林配成 1∶100 倍药液泼洒土壤，用量为 2.5 千克/米^2，泼洒后用塑料薄膜覆盖 5~7 天。揭开晾晒 10~15 天后即可种植，也可用多菌灵原粉 8~10 克/米^2 撒入土壤中进行消毒。

3. 作畦

南北向作高畦或栽培床，畦面宽 100~120 厘米，畦高 25 厘米，或铺设草炭厚度 30 厘米，行道宽 60 厘米。种植前 1 周浇 1 次透水，种植前 3~4 天防雨，同时用遮光率 50%~70% 的遮阳网对日光温室进行覆盖遮阳。

（四）定植

根据品种的生育期、供花时间和温室的保温性能确定。以春节为供花目标，亚洲百合和铁炮百合适宜种植期为 9 月底至 10 月初，东方百合适宜种植期为 9 月初。种植采用沟栽，种植深度为栽后保持鳞茎上方土层厚 6~8 厘米，确保发芽后茎生根不露出土面，种植时不要用力按压，以防碰伤鳞茎盘或根系。种植密度根据栽培品种的种球规格不同而异，一般以 16 厘米×20 厘米株行距为宜。周径 10~12 厘米的种球，亚洲百合 50~55 粒/米²，东方百合 40~50 粒/米²，铁炮百合 45~55 粒/米²。随着种球周径增大，密度适当减小。种植后用遮阳网遮阳，用覆盖物适当覆盖，以对土壤降温和保湿，至 10% 芽露出土面时揭除所有覆盖物。

（五）温湿度、光照管理

茎生根未长出之前控制温度为 12~14℃，以利萌发及根系生长，茎生根长出后控制温度为 14~25℃，白天温度不超过 28℃，夜间温度不低于 10℃，昼夜温差控制在 10℃。冬季温度偏低时采用热水或热气的管道加温方式加温，生长期间做好通风降温。

光照对百合生长至关重要，如果光照不足易造成植株生长不良并引起落芽、叶色变浅、花色不艳、瓶插寿命短等问题；光照过强会引起植株矮小、花色过艳现象。

一般亚洲杂种系对光照不足最为敏感，夏秋季节覆盖遮阳网遮阴 50%，以降低植株表面温度和环境温度。一般保持空气湿度为 80%~85%，不要有大的波动。浇水尽量在早晨进行，以避免浇灌对温室内空气湿度的影响，空气湿度偏高时要及时通风降湿。

每天要保持 8 小时以上的光照，即使在深冬，也至少要保证 7 小时的光照。若遇长时间阴雨或想提早开花，则需补充光照。方法是在上方 2 米处每 25~30 平方米挂加有反光装置的高压钠灯 1 只，从现蕾开始补光直至采收。百合性喜阳光，植株容易向温室前沿发生倾斜，可以在温室后墙张挂反光幕。防止植株倾斜。当株高达 35 厘米时开始张支撑网，随着植株的生长，提升网或加网。

种植后 3~4 周内不施肥。种植后立即灌透水 1 次，浇水时间应在早晨，除苗期和收花后适当控水外，生长期内株高达 20 厘米时，要保持土壤湿润，生长后期，有条件最好采用滴灌系统灌溉，浇水时间以上午为宜，水质 pH<7。生长期配合浇水使用配方营养液浇灌，浓度不宜过高。每 10~15 天浇 1 次，直至采花前 3 周。在老叶黄化，生长势差时，多缺氮肥，叶面喷 0.3% 尿素，在现蕾后至采收前 2 周，每 15 天喷 0.2%~0.3% 磷酸二氢钾 1 次，要注意氮肥施到叶面上时须用清水进行清洗。

（六）采收

1. 切花采收

（1）切花百合采摘指数

指数度 1：花序基部第一个花蕾已着色，但未充分显色，适合远距离运输或贮藏。

指数度 2：花序基部第一个花蕾已充分显色，但未充分膨胀，第二个花蕾已着色，但未充分显色，适合远距离运输或就近批发。

指数度 3：花序基部第一个花蕾已充分显色和充分膨胀，但花瓣紧抱，第二个花蕾已充分显色，未充分膨胀，适合近距离运输或就近批发销售。

指数度 4：花序基部第一个花蕾已充分显色和膨胀，花蕾已现开放状态，第二个花蕾已充分显色，充分膨胀，只能就近赶快出售。

夏季采摘时，可按如下所述采摘指数度 2 采切，冬季采摘时，可按指数度 3 采切。

（2）采收要求

在 10:00 以前采收为宜，在茎秆基部切下，茎秆采切后应立即放入水中（桶内有不低于 15 厘米的清水）。根据不同品种，每桶分装支数为 50 支或 75 支，不能多装，防止机械损伤。采收后，要根据花蕾的数目、枝条的长度、坚硬度以及叶子与花蕾是否畸形等标准进行分级，去掉枝条基部 10 厘米的叶子，10 支一束扎好，然后进行包装。确保切花离水时间不得超过 15 分钟，及时入冷库预冷或储藏。

2. 种球采收

百合地上部分茎叶自然枯黄时即可采收种球。采收前应控制土壤水分，保持适当干燥。选择晴天采挖，采收从畦头逐行翻土或刨土挖取，防止挖伤种株，将有损伤的种球拣出，及时清除损伤。种球一般依照围径、饱满度和病虫害来划分等级。周径小于 9 厘米的鳞茎不适合做种球，需培养 1 年后方可。亚洲百合杂种系鳞茎的规格（厘米）：9~10、10~12、12~14、14~16。东方百合杂种系鳞茎的规格（厘米）：12~14、14~16、16~18、18~20、20~22、22~24。麝香百合杂种系鳞茎的规格（厘米）：10~12、12~14、14~16、16~18。

将分级后的种球用水冲洗掉泥土，清洗时应注意不得损伤种球鳞片和根系。清洗后将种球用多菌灵和代森锰锌消毒，对于种球根部有虫害的情况，加辛硫磷消毒后捞出种球阴干。

消毒后的种球分多层装箱。先用有小孔的塑料袋垫于箱内，底层泥炭（拌有多菌灵和代森锰锌）约 1.5 厘米厚，一层泥炭一层种球交替放存，种球之间尽量不接触，用基质隔开，表层泥炭 1.5~2.0 厘米厚，将塑料袋口包严实，在包口前于内侧贴标签，卡好木板即可。塑料筐侧贴一份标签，塑料袋内一份标签，标明品种、等级规格、数量、日期、生产单位、产地。

种球入库前，需对冷库进行清扫、冲洗，并用 0.5% 高锰酸钾溶液均匀喷洒杀菌。冷库采用分段降温的方法，逐渐降低温度。首先温度 10℃，湿度 70%~80%，处理 1 周；然后下调温度至 5℃，湿度不变，处理 2 周；最后温度下调至 2℃，湿度不变。冷藏处理 8 周后，即可出库达到商品切花种植要求。如果不需马上种植，则需将温度下调到 –1.5℃，可以长期冷藏保存，根据种植需要再行解冻。

二、康乃馨设施栽培技术

康乃馨（图 6–2）为多年生草本植物，株高 70~100 厘米，基部半木质化。茎干硬而脆，节膨大。叶线状披针形，全缘，叶质较厚，上半部向外弯曲，对生，基部抱茎。花通常单生，聚伞状排列。花冠半球形，花萼长筒状，花蕾橡子状，花瓣扇形，花朵内瓣多呈皱缩状，花色有大红、粉红、鹅黄、白、深红等，还有玛瑙等复色及镶边等，有香气。康乃馨以其美丽的花形力和持久的新鲜度而受到重视，常被作为献给母亲的花。

图 6–2　康乃馨

（一）品种选择

康乃馨冬季开花品种宜选择生长快、抗病性强、耐寒、产量高的；夏季开花品种需选择对高温长日照抗病性强、分枝性好、裂苞少、茎挺直的。也要结合本地气候因素进行选择。

（二）整地作畦

1. 土壤消毒

温室消毒定植前 10 天，每亩用硫磺粉和敌敌畏闭熏蒸 12~24 小时，3 天后通风，可防治白粉病、蚜虫和真菌性病害。

2. 整地施基肥

康乃馨种植以疏松透气、富含腐殖质的砂壤土为宜，整地时每亩施入腐熟农家肥 5 000 千克、过磷酸钙 50 千克、磷酸氢二铵 30 千克、硫酸钾 20 千克，深翻掺匀。土壤黏重可掺入稻壳、粉碎的作物秸秆，以提高土壤有机质含量和通透性。

3. 作畦

按 140 厘米划线作畦，畦面宽 100~110 厘米，沟宽 30 厘米，畦高 20~30 厘米。

4. 拉网

为使康乃馨切花茎秆挺拔，在定植前需拉网支撑。拉网的木桩要求挺直、高度一致，网规格为 11 厘米×11 厘米，一般拉 3~4 层网，要求网格对齐绷紧。

（三）定植

康乃馨从定植到开花需要的时间与温度有关。生长期在夏季和秋季的从定植到初花 70~90 天，生长期在春季和冬季的从定植到初花 150~200 天。可根据供花时间往前推算确定定植时间，也可采用多次摘心达到要求的供花期。定植前选择根系发达、叶片生长健壮的幼苗用 5% 调环酸钙悬浮剂 500 倍液进行蘸根处理，以便消毒和促进生根。

康乃馨一般定植密度为 36 株/米^2，应选择阴天或晴天傍晚种植，高温天气种植必须进行遮阴。要求浅栽，以基部第一对叶不埋入土为好。浅栽既有利于根系生长，又可防止茎腐病感染。栽完要及时浇水，定植后 1~2 天内用 75% 百菌清可湿性粉剂 600 倍液喷雾。

(四) 温光管理

康乃馨最适生长的温度为 15~20℃，栽培上要求春季白天19℃、夜间13℃，夏季白天22℃、夜间15℃，秋季白天19℃、夜间13℃，冬季白天16℃、夜间10℃。冬季要做好保温工作，一般气温降到10℃以下时需采取增温措施给温室加温。康乃馨在充足的光照下才能茎秆挺拔、开花繁多，因此要求每天接收直射光不少于 6 小时，白天加长光照到 16 小时，22:00 至翌日2:00用灯光打断黑夜，或者通宵低光强度光照，都会对康乃馨有较好的影响。

(五) 水肥管理

幼苗定植后应随即浇透水，使根系与土壤充分接触，并对植株进行喷雾，以防脱水，直至植株长出新的根系完全成活为止(7 天左右)。缓苗后适当控水，促使形成良好的根系。夏季浇水宜在清晨或傍晚进行，土壤含水量不宜过高，否则易发生茎腐病；冬季浇水宜在中午前后进行，经常保持叶面干燥，否则易发生病害。

康乃馨生育期较长，在基肥充足的基础上，还需不断追肥，追肥原则是薄肥勤施。不同的生育期施肥次数和浓度都不同，一般种植后 1 周就需施肥，苗期施肥可用含氮、磷、钾、镁的液肥，在生长旺季10—11 月及4—5 月需要大量养分时，可结合中耕施用速效性的复合肥，生长中后期应逐渐减少氮肥用量，增加磷、钾肥用量，花蕾形成后可适当用磷酸二氢钾进行叶面追肥，以提高茎秆硬度，但次数不宜多，以 1~2 次为宜。

（六）植株管理

1. 摘心

康乃馨栽培要注意摘心。摘心可以调节花期并决定花量，一般在定植后 15~30 天幼苗主茎有 6~7 对叶展开时进行第一次摘心，摘除 5~6 节以上的茎尖生长点，每株留 3~5 个侧枝，促使单株萌发为开花枝。摘心要在晴天进行，摘心后及时喷杀菌剂，以后每隔 7~10 天喷 1 次药，农药要交替使用，以防产生抗性。

2. 疏芽和摘蕾

①单花型品种。对于开花枝上的小侧芽，除顶端主花蕾以外的侧蕾和侧枝要全部抹掉，使养分集中供给顶花。

②多花型品种。主花苞长到 1 厘米左右时，保留主花苞以下 5~6 节内的花蕾，其余侧枝、侧蕾及时抹去。

3. 拉网

定植后，幼苗易倒伏，苗长大后侧枝多，张网工作量大，而且易对苗造成机械伤害，所以随着植株的生长，要对植株进行适时的撩头提网工作，避免花秆弯曲、歪头，确保植株挺直不倒伏，以提高商品质量。

（七）防止裂萼

康乃馨的裂萼现象是导致其丧失商品竞争力的主要原因，生产中可通过人工或人工与激素相结合的方法防止。

1. 人工防止

昼夜温差过大是康乃馨出现裂萼的主要原因，生产中可通过白天放风、夜间加盖草帘来缩小昼夜温差，从而达到防止裂萼的目的。此外，基质的剧干剧湿也会造成裂萼，所以在日常生产管理中应尽量避免。

2. 人工与激素相结合防止

在康乃馨即将开花的 1~2 周内，用塑料带捆卷花萼部成钵状，并用 30~50 毫升/升的赤霉素处理大豆粒般大小的花蕾，可有效地防止裂萼的发生。

(八) 采收

当外层花瓣已打开，与花茎近成直角时为适采期。由于花枝往往需要储藏、中转、处理等，因此，比较合适的采收时机是花朵花瓣呈较紧裹的状态，花瓣的露色部位长 1~2 厘米。多头型康乃馨，则宜在有 2 朵花开放，其他花蕾显色时采收。采时用锋利刀或剪刀剪下花枝。剪口部位既要考虑到切花花枝的长度，又要考虑下一茬花枝有足够发侧枝的部位。剪下的花枝，要尽快送到冷库中进行分级和绑束。

将康乃馨按不同长短及质量分级后，同级花按 10 支、20 支或 30 支绑成 1 束。绑束后，将花基末端剪齐，然后将茎端放入盛有 37℃保鲜液的塑料桶中浸泡 2~4 小时，在室温 21℃ 条件下进行预处理。然后转移到 0~2℃的冷库中储藏。

三、非洲菊设施栽培技术

非洲菊 (图 6-3) 又名扶郎花，原产于南非。由于非洲菊风韵秀美，花色艳丽，周年开花，又耐长途运输，瓶插寿命较长，是理想的切花花卉，目前已成为温室切花生产的主要种类之一。除切花类型外也有矮化品种用于盆栽。

非洲菊喜温暖，但不耐炎热，生长适温 20~25℃；根系为肉质根，不耐湿涝；要求通风条件良好，否则易发生立枯病和茎腐病；喜光但不耐强光，夏季应适当遮阳；要求土壤肥沃疏松，排水良好，土壤微酸性；不宜连作，否则易发生病害，可采用无土栽培，避免连作障碍。

图6-3 非洲菊

（一）品种选择

非洲菊有单瓣品种，也有重瓣品种；有切花品种，也有适于盆栽的品种；从花色上划分为橙色系、粉红色系、大红色系和黄色系品种。在品种选择上应根据市场要求，同时注意到产量性状和抗性。

（二）设施要求

我国南方地区的云南、广州、海南多采用防雨棚、竹架塑料大棚，辽宁、山东、河北、陕西、甘肃等地利用日光温室、塑料大棚，上海、江苏等地非洲菊主要用塑料大棚或连栋温室进行栽培。

（三）繁殖方式

非洲菊繁殖可以采用播种繁殖、分株繁殖和组培快繁技术，组培快繁是非洲菊现代化生产的主要繁殖方式。采用茎尖、嫩叶、花托、花茎等作为外植体，均可进行组培快繁。

（四）栽培管理

1. 定植

非洲菊根系发达，栽培床应有厚度 25 厘米以上疏松肥沃的砂质壤土层。定植前应多施有机肥，如果是基质栽培，肥料应与基质充分混匀。定植的株距 25 厘米，一般 9 株/米²，不能定植过密，否则通风不良，容易引起病害。

2. 定植后管理

当非洲菊进入迅速生长期以后，基部叶片开始老化，要注意将外层老叶去除，改善光照和通风条件，以利于新叶和花芽的产生，促使植株不断开花，并减少病虫害的发生。

在温室中非洲菊可以周年开花，因而需在整个生长期不断施肥以补充养分。肥料可以氮、磷、钾复合肥为主，注意增施钾肥，氮∶磷∶钾比例为 15∶8∶25。为保证切花的质量，要根据植株的长势和肥水供应条件对植株的花蕾数进行调整，一般每株着蕾数不宜超过 3 个。冬季应加强光照管理，夏季强光季节应适当遮阳。

3. 病虫害防治

设施栽培非洲菊，主要病害有褐斑病、疫病、白粉病和病毒病。病害的防治应以预防为主，定植时不要过深，保证日光充足，通风良好，加强苗期检疫，提高植株的抗病性。还可以用茎尖培养的方法生产脱毒苗，结合基质消毒，减少发病概率。非洲菊设施栽培的主要虫害有红蜘蛛、棉铃虫、地老虎。发生病虫害时，应进行药剂防治。

（五）采收

单瓣非洲菊品种，当两三轮雄蕊开放时即可采收；重瓣非洲菊品种，当中心轮的花瓣开放展平且花茎顶部长硬时即可采收。国产的非洲菊一般 10 枝/把用纸包扎，干储于保温包装箱中，进行冷链运输，在 2℃下可以保存 2 天。

第二节　盆栽类花卉设施栽培技术

一、绿萝设施栽培技术

绿萝（图 6-4）是天南星科麒麟叶属植物，高大藤本，茎攀缘；多分枝，枝悬垂；幼枝鞭状，细长；叶柄长 8~10 厘米，两侧具鞘达顶部；鞘革质，宿存，下部每侧宽近 1 厘米，向上渐狭；下部叶片大，长 5~10 厘米，上部的长 6~8 厘米。成熟枝上叶柄粗壮，长 30~40 厘米，叶鞘长，叶片薄革质，翠绿色。

图 6-4　绿萝

　　绿萝属阴性植物，喜散射光，较耐阴。它遇水即活，因顽强的生命力，被称为"生命之花"。室内养植时，不管是盆栽或是折几枝茎秆水培，都可以生长良好。既可让其攀附于用棕扎成的圆柱上，也可培养成悬垂状置于书房、窗台，抑或直接盆栽摆放，是一种非常适合室内种植的花卉。

（一）品种选择

　　常见的品种有青叶绿萝、金叶绿萝、花叶绿萝、星点藤等，可根据市场和品种栽培特性是否符合当地环境而选择。

（二）繁殖

　　绿萝主要用扦插法繁殖，春末夏初剪取 15～30 厘米的枝条，将基部 1～2 节的叶片去掉，用培养土直接盆栽，每盆 3～5 根，浇透水，植于阴凉通风处，保持盆土湿润，1 个月左右即可生根发芽，当年就能长成具有观赏价值的植株。春夏季用枝条扦插容易生根；作图腾柱的必须用带大叶片的顶尖扦插，这样成型比较快。

　　规模化生产采用组培苗。绿萝还可水栽，但与土栽相比植株较小。

（三）上盆

　　每盆栽植或直接扦插 4～5 株，盆中间设立棕柱，便于绿萝缠绕向上生长。整形修剪宜在春季进行。当茎蔓爬满棕柱、梢端超出棕柱 20 厘米左右时，剪去其中 2～3 株的茎梢 40 厘米。待短截后萌发出新芽新叶时，再剪去其余株的茎梢。由于冬季受冻或其他原因造成全株或下半部脱叶的盆株，可将植株的一半茎蔓短截 1/2，另一半茎蔓短截 2/3 或 3/4，使剪口高低错开，这样剪口下长出来的新叶能很快布满棕柱。

（四）温湿度、光照管理

1. 温度管理

　　绿萝适宜生长温度白天 20～30℃、夜间 15～18℃，冬季温度不低于 10℃即能安全越冬，如温度低于 7℃则易造成根系发育不良、黄叶、落叶等，影响生长，还会延长生长时间，增加生产成本。30℃以下，温度越高生长越快。

2. 湿度管理

相对湿度最好保持 70%左右，40%~50%湿度仍能生长良好。湿度过低则影响叶色的亮度，造成叶色不均匀，从而影响品质。

3. 光照管理

绿萝属于阴性植物，耐阴性强，忌阳光直射，喜斜射光或散射光。栽培中，应避免阳光直射，光照过强会灼伤叶片，过阴会使花叶品种叶面上漂亮的斑纹消失。通常一天接受 4 小时散射光生长发育最好。绿萝极耐阴，在室内向阳处即可四季摆放，在光线较暗的室内，应每半月移至光线强的环境中恢复一段时间，否则易使节间增长，叶片变小。绿萝的原始生长条件是参天大树遮蔽的树林中，向阳性并不强。但在秋冬季的北方，为补充温度及光合作用的不足，却应增大它的光照度。方法是把绿萝摆放到室内光照最好的地方，或在正午时搬到密封的阳台上晒太阳。

(五) 水肥管理

1. 水分管理

浇水时掌握"不干不浇，浇则浇透"的原则。小苗期不可多浇，以免根茎处发生腐烂。生长旺盛期要充分浇水喷雾，在枝蔓生长过程中应经常喷水保湿，促使茎节上产生不定根，植株入冬后应尽量减少浇水，盆土过湿易引起烂根。绿萝要比一般花卉浇水多，但不能积水，要清洁托盘沉水。要及时清洁叶面上的尘土，每天向叶面喷水。夏季高温干燥季节更应如此。盆土要保持湿润，应经常向叶面喷水，提高空气湿度，以利于气生根的生长。

2. 肥料管理

绿萝生长以氮肥为主、磷钾肥为辅。一般定根后即可施肥，最好选用浓度为 1.0%~1.5%的通用肥，因此时绿萝根系不是很发达，氮、碳、钾比例平衡可促进根、茎、叶的均衡生长。生长中期施浓度 2.5%~3.0%比例为 30∶10∶20 的复合肥料，即适当加大氮肥的用量，减少磷肥的用量，促进叶片的生长，调节叶色和韧度，这时根的生长已达旺盛时期，降低磷肥的用量可防止根系提前老化，生长后期停止磷肥的使用，保持氮、钾平衡，肥料浓度保持 2.5%即可。如以 0.5%~1.0%的尿素溶液喷施叶面，则绿叶更加青翠，要薄肥勤施。旺盛生长期可每月浇一遍液肥。

绿萝生长较快，栽培管理粗放。在栽培管理的过程中，夏季应多向植株喷水，每 10 天进行 1 次根外追肥，保持叶片青翠。盆栽苗，当苗长出栽培柱 30 厘米时，应剪除。

（六）病虫害防治

绿萝常见的病害有叶斑病和根腐病。防治方法是清除病叶，注意通风。发病期喷 50%多菌灵可湿性粉剂 500 倍液，并可灌根。无土扦插苗定植后一般不会发生根腐病。

主要虫害为夜蛾类害虫，严重时可用药物防治，在新叶期傍晚喷施农药进行防治，如 10%虫螨腈乳油 1 000~1 500 倍液等。介壳虫可用 77.5%敌敌畏乳油 1 000~1 500 倍液进行保护性防治。在栽培荫棚或大棚中悬挂粘虫板诱杀害虫，每亩悬挂 20 块，板高出植株 10~20 厘米。

二、龟背竹设施栽培技术

龟背竹（图 6-5）又名蓬莱蕉、电线兰，为天南星科龟背竹属常绿大型藤本植物。茎粗壮、蔓生，茎节生有深褐色长而下垂的气生根，可直接吸收空气中的氮。幼株初生叶呈心状、全缘、中央无孔。长大后叶面逐渐增大，叶缘具宽大的羽状深裂，叶脉间有椭圆形穿孔，形似龟背。南方地栽可达 8~9 米，盆栽很少超过 3 米。栽培变种有斑叶龟背竹，叶面具有黄绿色的斑纹。

图6-5　龟背竹

（一）品种选择

常见栽培的有袖珍龟背竹、石纹龟背竹、白斑龟背竹、蔓状龟背竹、多孔龟背竹、洞眼龟背竹、翼叶龟背竹、斑纹翼叶龟背竹、斜叶龟背竹、窗孔龟背竹、星点龟背竹和孔叶龟背竹等。选择品种时要考虑当地的市场需求、栽培地区气候条件和生态环境等因素。

（二）育苗

龟背竹有 3 种繁殖方法：播种繁殖、扦插繁殖和分株繁殖。以扦插繁殖为主。

1. 播种繁殖

播种前需先浸种。龟背竹种子较大，可采用点播，播后室温保持 20~25℃，播种后覆塑料薄膜，保持 80% 以上湿度，播后一般 20~25 天发芽，初叶无孔洞。播种过程中如室温过低，不仅影响出苗，甚至导致种子发生水渍状腐烂。

2. 扦插繁殖

春、秋两季均可采用茎节扦插，以4—5月和9—10月扦插效果最好。插条选取茎组织充实、生长健壮的当年生侧枝，插条长20~25厘米，剪去基部的叶片，保留上端的小叶，剪除长的气生根，保留短的气生根以吸收水分，利于发根。插床用粗砂和泥炭或腐叶土的混合基质，插后保持25~27℃和较高的空气湿度，插后1个月左右开始生根。插条生根后，茎节上的腋芽也开始萌动展叶，为了加速幼苗生长，室温保持10℃以上，加强肥水管理，插后翌年即可成型。

3. 分株繁殖

在夏秋进行，将大型的龟背竹的侧枝整段劈下，带部分气生根，直接栽植于木桶或营养钵内，不仅成活率高，而且成型效果快，缺点是繁殖的数量有限。

(三) 温湿度、光照管理

保持龟背竹生长适温。扦插后保持较高的空气湿度，龟背竹叶片大，水分蒸发快，因此浇水要掌握宁湿勿干的原则，经常使盆土保持湿润状态，但不能积水，春、夏、秋三季生长过程中保持盆中有充足水分，冬季微潮，减少浇水。要经常往叶面上喷水，干燥季节和夏天，每天要喷水3~5次，保持空气湿润，叶色才能翠绿。如果水量过少，会使枝叶停止发育；水量过大则会招致烂根；水量适度则枝叶肥大。在具有明亮散射光处培养，夏季注意遮阴通风降温。若夏季受到强光直射，叶片易发黄，甚至叶缘枯焦，影响观赏效果。

(四) 水肥管理

上盆后需放在荫棚内养护，由于龟背竹喜肥，应在生长期每隔15~20天施1次腐熟的饼肥水，此外，生长高峰期还可用0.1%磷酸二氢钾或0.1%尿素叶面喷施，10天左右喷施1次，以利叶片生长，可使叶片增长厚，提高亮度。秋后，需控制肥水，保证安全越冬。

（五）植株管理

龟背竹管理粗放，生长较快，茎粗叶大。定型后，茎节叶片生长过于稠密、枝蔓生长过长时，注意整株修剪，力求自然、美观。宜每年春季换盆，换盆时去掉部分老土，剪去部分烂根。北方地区应于 10 月上旬入室，放在中午受不到强光直射的地方，防止冷风直接吹袭，不然叶片易枯黄脱落。冬季盆土宜偏干，此时需要每隔 5~7 天用温水喷 1 次叶面，半个月左右用湿细布擦拭叶面 1 次，以保持叶面清新光亮。所以只要养护得好，可保四季翠绿，供室内观赏。

（六）病虫害防治

龟背竹常见病害有叶斑病、灰斑病和茎枯病，可用 65% 代森锌可湿性粉剂 600 倍液喷洒。常见虫害是介壳虫，少量时可用旧牙刷清洗后用 40% 阿维·螺虫乙酯悬浮剂 3 000~3 500 倍液喷杀。

三、常春藤设施栽培技术

常春藤（图 6-6），为多年生常绿攀缘灌木。气生根；茎灰棕色或黑棕色，光滑；单叶互生，叶柄无托叶有鳞片，花枝上的叶椭圆状披针形；伞形花序单个顶生，花淡黄白色或淡绿白色，花药紫色；花盘隆起，黄色；果实圆球形，红色或黄色；花期 9—11 月，果期翌年 3—5 月。

常春藤叶形美丽，四季常青，在南方各地常作垂直绿化使用。多栽植于假山旁、墙根，让其自然附着垂直或覆盖生长，起到装饰美化环境的效果。盆栽时，以中小盆栽为主，可进行多种造型，在室内陈设。也可用来遮盖室内花园的壁面，使其室内花园景观更加自然美丽。

图 6-6　常春藤

（一）品种选择

目前盆栽常春藤大约有超过 25 个常栽品种，叶形、叶色变化多样，多数为匍匐生长型，也有直立生长型。常见的栽培品种有如下 8 种。

①中华常春藤。叶浅五裂，叶片较大，厚实。

②日本常春藤。叶质硬，深绿，具光泽，营养枝叶宽卵形，常三裂，生殖枝叶卵状披针形或卵状菱形。

③鸡心叶常春藤。叶心形，较小，全绿，叶片厚实，茎干粗壮。

④银边常春藤。叶五裂，较小，叶边缘有不规则银边。

⑤花叶常春藤。叶五裂，叶边缘有不规则黄边，中间叶色更绿。

⑥枫叶金边常春藤。枫叶形，叶片边缘有不规则黄边，叶柄长约 2 厘米，叶色明亮。

⑦枫叶绿叶常春藤。枫叶形五裂，叶全绿色。

⑧白边小叶常春藤。叶三裂有不规则白边，较小，节间距较短。一般选择能够适应市场、能够在本地很好生长的品种，也可尝试选用植株外观好，易养护的品种打开市场。

(二) 育苗

常春藤周年的生产，从育苗开始，育苗常用扦插、嫁接和压条的方法。生产中常采用扦插育苗的方式，在生长期均可以进行，华中地区春、秋两季为好。

1. 基质的准备

基质土为珍珠岩、干牛粪、细沙按比例 2∶1∶1 混匀，或蛭石、泥炭、炭化稻壳按比例 2∶2∶1 混匀，或素沙均可，以上基质土配方可因地制宜选取一种，消毒备用。

2. 插穗的准备

插穗多用半木质化的一年生健壮枝条，成熟老枝虽然也可扦插，但发根较差。剪取长 6~10 厘米，具两节和一对叶的枝段做插穗，直接插于装有疏松基质土的盆器中。若大量插穗，在扦插前，一般需要先将插条浸在水保持插穗的湿润，或蘸生根剂配成的溶液，然后再取出扦插。

3. 扦插

扦插深度一般为插穗长度的 1/3 或 1/2 左右，各插穗间叶片不相互重叠。扦插后将花盆置于较高空气湿度和稍阴的环境中，保持基质潮湿。在温度 15~20℃ 时，15 天左右即可生根。也可直接扦插在容器中，同一个容器中可采用多枝并插的方式，可缩短生产周期，节省换盆操作所需的人工。

(三) 上盆

幼苗根系稳定后上盆，逐步进入正常管理。上盆基质一般采用腐叶、河沙、园土 1∶1∶2 混合，施用一些骨粉、马蹄片、缓释复合肥或者腐熟的粪肥肥料。最后将基质土上盆。根据商品要求可选择盆径为 8~30 厘米盆器，也可以选择更大的盆器。一般16 厘米的花盆可种 6~12 株。若植株不饱满可进行摘心，促进株型的饱满。上盆后浇透水处于半阴环境进行缓苗 3~5 天进入正常管理。

（四）日常管理

常春藤上盆后天气渐热，生产中要求做好水分、养分、温度和光照管理，以及修剪等工作。

1. 水分管理

春季为生长期，水分要求充足，做到"见干见湿"。夏季要保证水分，但是盆土不能长期湿度过大，要求盆土微潮的环境，要经常进行喷雾降温并保持环境湿度。初秋为生长期，水分应跟上。

2. 养分管理

高温季节尽量避免施肥。天气逐渐转凉，浇水要进行控制，注意追肥。待天气转凉盆土变干速度较慢时，可以薄肥代水浇施。

3. 温度管理

30℃以上常春藤停滞生长，夏天要注意通风，可以打开水帘和风机并加以喷雾降温。冬季注意防寒，可适当加覆盖物。

4. 光照管理

夏季遮阴，避免强光直射。冬季可接受全日照，保持通风。

5. 修剪

通过修剪控制藤长，有利于促进分枝，使株型饱满。第 1 次修剪在藤长达到 8 厘米的时候，留 6 厘米左右，将前端剪去，生长 4~5 厘米再进行 1 次修剪。在植株长到相互间产生触碰后，要及时扩大摆放距离，有利于植株充分生长，并减少落叶和病虫害的发生。

（五）病虫害防治

以防为主，每周喷药 1 次以防治病虫害。可采用甲基硫菌灵、百菌清、霜霉威等药剂防治病害。防治红蜘蛛、螨虫、蚜虫、蛾类幼虫等虫害均可采用哒螨灵、啶虫脒等。另外对于蚜虫等趋黄性害虫，可用黄板进行诱杀。

四、蝴蝶兰设施栽培技术

蝴蝶兰（图6-7）为兰科蝴蝶兰属植物，叶 3~4 枚或更多，椭圆形或镰状长圆形，长 10~20 厘米，宽 3~6 厘米；花葶长达 50 厘米，花序梗径 4~5 毫米，花序轴稍回折状；中萼片近椭圆形，长约 3 厘米，基部稍窄，侧萼片斜卵形，基部贴生蕊柱足；花瓣菱状圆形，具红色斑点或细纹，中裂片菱形，基部具黄色肉突；蕊柱长约 1 厘米，蕊柱足宽；每个花粉团裂为不等大 2 片。

图 6-7　蝴蝶兰

蝴蝶兰的花朵艳丽娇俏，赏花期长，花朵数多，能吸收室内有害气体，既能净化空气又可作盆栽观赏，还可用作切花、贵宾胸花、新娘捧花、花篮插花的高档素材；在节日可用于馈赠。

（一）品种选择

小花蝴蝶兰：为蝴蝶兰的变种，花朵稍小。

台湾蝴蝶兰：为蝴蝶兰的变种，市场上需求较多，叶大，扁平，肥厚，绿色，并有斑纹，花径分枝。

斑叶蝴蝶兰：别名席勒蝴蝶兰，常见种，叶大，长圆形，长约70厘米，宽约14厘米，叶面有灰色和绿色斑纹，叶背紫色，花多选170多朵，花径8~9厘米，淡紫色，边缘白色，花期春、夏季。

曼氏蝴蝶兰：别名版纳蝴蝶兰，常见种，叶长约30厘米，绿色，叶基部黄色，萼片和花瓣橘红色，带褐紫色横纹，唇瓣白色，3裂，侧裂片直立，先端截形，中裂片近半月形，中央先端处隆起，两侧密生乳突状毛，花期3~4月。

阿福德蝴蝶兰：叶长约40厘米，叶面主脉明显，绿色，叶背面带有紫色，花白色，中央常带绿色或乳黄色。

菲律宾蝴蝶兰：花茎长约60厘米，下垂；花棕褐色，有紫褐色横斑纹，花期5—6月。

滇西蝴蝶兰：萼片和花瓣黄绿色，唇瓣紫色，基部背面隆起呈乳头状。

（二）繁殖

蝴蝶兰可通过无菌播种、组织培养和分株等技术繁殖。蝴蝶兰经过人工授粉得到种子后采用无菌播种的技术可得到大批量的种苗。蝴蝶兰组织培养技术是将灭菌茎段接种相关培养基上，经试管育成幼苗，经过炼苗移栽，大约经过两年便可开花。

分株是利用成熟株长出分枝或株芽，待长到有2~3条小根时，可切下单独栽种。

(三) 栽培基质的选择

盆栽蝴蝶兰的栽培基质要求排水和通气良好。一般多用水草、苔藓、蕨根、蛇木块、椰糠、蛭石等材料，以苔藓或蕨根为好。用蒸煮消毒过的苔藓盆栽时，盆下部要填充煤渣、碎砖块、盆片等粗粒状的排水物。将苔藓用水浸透，用手将多余的水挤干，松散地包裹在幼苗的根部，苔藓的体积约为花盆体积的1.3倍，然后将幼苗及苔藓轻压栽入盆中，注意不可将苔藓压得过紧。

(四) 上盆与换盆

大规模生产蝴蝶兰主要用盆栽，要求透气性要好。蝴蝶兰应该栽培于透明盆器。透明盆器可确保其成长更有活力，根系会转成绿色，根系品质更好。使用透明盆可检查根系是否保持活力而且均匀分布。

蝴蝶兰属多年生附生植物，栽培过程中要及时换盆。一般用苔藓栽植的蝴蝶兰每年换盆1次。换盆的最佳时期是春末夏初，此时花期刚过，新根开始生长。

换盆时温度以20℃以上为宜，温度低的环境一定不能换盆。蝴蝶兰的小苗生长很快，一般春季种在小盆的试管苗，到夏季就要换大一号的盆，以后随着苗株的生长情况再逐渐换大一号的盆，切忌将小苗直接栽在大盆中。小苗换盆时为避免伤根，不必将原植株根部的基质去掉，只需将根的周围再包上一层苔藓，栽到大一号的盆中即可。生长良好的幼苗4~6个月换一次盆。新换盆的小苗在2周内需放在荫蔽处，不能施肥，只能喷水或适当浇水。蝴蝶兰的成苗每年换1次盆，换盆时先将幼苗从盆中扣出，用镊子把根系周围的旧基质去掉，用剪刀剪去枯死老根和部分茎干，再用新基质将根均匀包起来，栽在盆中。

（五）温湿度、光照管理

1. 温度管理

蝴蝶兰生产栽培中要求比较高的温度，白天 25~28℃、夜晚 18~20℃ 为最适生长温度，在这种温度环境中，蝴蝶兰几乎全年都处于生长状态。在春季开花时期，温度要适当低一些，这样可使花期延长，但不能低于 15℃，否则花瓣上易产生锈斑。花后夏季温度保持 28~30℃，加强通风，调节室温，避免温度过高，30℃ 以上的高温会促使其进入休眠状态，影响将来的花芽分化。蝴蝶兰对低温特别敏感，长时间处于 15℃ 的温度环境会停止生长，叶片发黄、生黑斑脱落，极限最低温度为 10~12℃。

2. 湿度管理

蝴蝶兰需要潮湿环境，一般全年均需保持 70%~80% 的相对湿度。在气候干旱的时候，可向地面、台架、暖气洒水或向植物叶片喷水来增加室内湿度。有条件的可安装喷雾设施。当温度低于 18℃ 时，要降低空气湿度，否则湿度太大易引发病害。

另外，蝴蝶兰喜通风良好环境，忌闷热。通风不良易引起腐烂，且导致生长不良。

在设施栽培中最好有专用的通风设备。可采用自然通风和强制通风两种形式。自然通风是利用温室顶部和侧面设置的通风窗通风，强制通风是在温室的一侧安装风机，另一侧装湿帘，把通风和室内降温结合起来。

3. 光照管理

喜欢荫蔽和散射光的环境，春、夏、秋三季应给予良好的遮阴条件，通常用遮阳网、竹帘或苇席遮阴。但光线太弱也会使植株生长纤弱，易得病。开花植株适宜的光照强度为 2 000~3000 勒克斯，幼苗 1 000 勒克斯左右。如春季阴雨天过多，晚上要用日光灯管给予适当加光，以利日后开花。一般每天调整 1 次植株的方向，将萌发出新芽、长势较弱的一面转到向阳面，以平衡植株长势，完善株型。

（六）水肥管理

1. 水分管理

蝴蝶兰忌积水，喜通风干燥，盆内积水过多，易引起根系腐烂。一般看到盆内的栽培基质变干，盆面呈白色时再浇水。盆栽基质不同，浇水间隔时间也不大相同。通常以苔藓作栽培基质的，可以间隔数日浇水1次，而以蕨根、树皮块等作基质时则每日浇水1次。还有其他因素也影响浇水，如高温时多浇水，生长旺盛时多浇水，温度降至15℃以下时要控水，冬季应适时浇水，刚换盆或新栽植株应相对保持稍干，少浇水，这样会促进新根萌发。花芽分化期需水较多，应及时浇水。晚上浇水时注意不要让叶心积水。

2. 施肥管理

蝴蝶兰生长迅速，需肥量较大，施肥原则是少量多次、薄肥勤施。春天少量施肥；开花期完全停止施肥；换盆后新根未长出之前，不能施肥；花期过后，新根和新芽开始生长时再施以液体肥料，每周1次，用"花宝"液体肥稀释2 000倍喷洒叶面和盆栽基质中；夏季高温期可适当停施2~3次；秋末植株生长渐慢，应减少施肥；冬季停止生长时不宜施肥。营养生长期以氮肥为主，进入生殖生长期，则以磷肥为主。

（七）花期管理

蝴蝶兰花芽形成主要受温度影响，短日照和及早停止施肥有助于花茎的出现。通常保持温度20℃2个月，以后将温度降至18℃以下，约经一个半月即可开花。蝴蝶兰花序较长，当花葶抽出时，要用支柱进行支撑，防止花茎折断。设立支架时要注意，不能一次性把花茎固定好，而要分几次逐步进行。蝴蝶兰花朵的寿命较长，一般可达 10 天以上，整枝花的花期可达 2~3 个月。但对于有 5 片以上的健壮植株，可留下花茎下部 3~4 节进行缩剪，日后会从最上节抽出二次花茎，开二次花。

（八）花后管理

花期一般在春节前后，观赏期可长达 2~3 个月。当花枯萎后，须尽早将凋谢的花剪去，这样可减少养分的消耗。如果将花茎从基部数 4~5 节处剪去，2~3 个月后可再度开花。但这样植株养分消耗过大，不利于来年的生长。如想来年再度开出好花，最好将花茎从基部剪下。当基质老化时，应适时更换，否则透气性变差，会引起根系腐烂，使植株生长减弱甚至死亡。当蝴蝶兰有很多根系长在盆外时，或盆内介质变黑腐烂时，就要考虑换盆了。

一般在 5 月份新叶生长出时换盆。换盆时，将蝴蝶兰小心地脱出盆体，去掉全部旧的介质；修理根系，剪除枯根烂根、断根瘪根，如兰株基部太高，即根桩过长，可剪除一部分；然后将水苔垫在根部，用湿苔藓（湿苔藓，即把干苔藓浸入水中湿透，取出挤干水分即成）将根系四周紧紧包住；盆底用较大的泡沫塑料垫底，把包好苔藓的兰株装入盆中，沿盆四周把苔藓塞紧，使兰株不摇动即可，放于阴处，不浇水，直至苔藓干透。平时喷雾即可。

（九）病虫害防治

蝴蝶兰对病虫害的抵抗力较弱，经常会发生叶斑病和软腐病等，可采用农药 40% 百菌清悬浮剂 800~1 000 倍液喷洒，每隔 7~8 天 1 次，连续 3 次，有良好的防治效果。温度高时容易出现介壳虫，可用手或棉棒将虫除掉，并定期喷洒马拉硫磷乳剂。对蛞蝓，可放置四聚乙醛药剂触杀，或在晚上等蛞蝓出来活动时人工捕捉。对于防治蚜虫、白粉虱、叶蝉、斑潜蝇、菌类小蝇等害虫，可用绿色、环保、无公害的黄色诱虫板诱杀。

第七章 设施园艺病虫害防治技术

第一节　设施作物病虫害发生概述

一、设施作物病虫害的类型

(一) 设施作物病害的类型

植物病害种类很多，按照侵害作物的病原类别可分为侵染性病害和非侵染性病害两大类。侵染性病害又可分为真菌病害、细菌病害、病毒病害、线虫病害和寄生性植物病害等。设施内作物发生较多的有以下 5 种。

1. 真菌病害

由植物病原真菌侵染引起的病害。如霜霉病、灰霉病、疫病、白粉病等。

2. 细菌病害

由植物病原细菌侵染引起的病害。如黄瓜细菌性角斑病、大白菜软腐病、菜豆细菌性疫病等。

3. 病毒病害

由植物病毒侵染而引起的病害。如辣椒、番茄、豇豆、瓜类、大白菜等蔬菜的病毒病。

4. 线虫病害

由植物寄生线虫侵染引起的病害。如黄瓜、茄子、番茄、芹菜等的根结线虫病。

5. 生理性病害

属非侵染性病害，是由于外界环境条件不合适如温湿度、光照、水分、土壤盐分不合适及肥料缺乏、微量元素缺乏引起的生长失调。如畸形果、苦味瓜、缺素症、低温障碍等。

(二) 设施作物虫害的主要类型

为害设施作物的虫害有多种，绝大多数是昆虫，此外还有螨类及软体动物等。

苗期虫害有种蝇、蝼蛄、蛴螬、蚯蚓、卷球鼠妇、地老虎等。

生育期虫害有蚜虫、温室白粉虱、美洲斑潜蝇、茶黄螨、红蜘蛛、小菜蛾、韭蛆、蜗牛、棉铃虫、黄守瓜等。

二、设施作物病虫害的发生特点

设施栽培是在人工创造的设施环境下进行的，作物的生产特点、生长时间、管理方式及环境条件等都有别于露地栽培，因而设施作物病虫害的发生特点、流行规律和为害程度也形成了自身的特点。如病虫害发生期提早、流行与为害明显加重，当然也有少数病虫害比露地发生较轻。

(一) 设施作物病害发生特点

1. 土传病害发生严重

由于温室、大棚等设施建成后难以移动，设施内作物又经常高密度连作栽培，复种指数高、种植作物种类单一、轮作倒茬困难，致使土传病害病原菌大量积累和传播，土传病害的发生严重，且防治起来十分困难。如黄瓜枯萎病、菌核病、根结线虫病、疫病、蔓枯病等都比露地发生更为严重。

2. 低温高湿病害发生严重

我国生产用的设施类型主要是塑料大棚及节能日光温室，棚室内环境相对密闭，棚内水分不易散失，早晚空气相对湿度常达饱和状态，又因不设加温设备，寒冷季节夜间极易出现低温，夜间棚内温度下降1℃，湿度就会提高3.5%～4.5%，作物表面长时间结露，抵抗力下降。因而喜低温高湿的病害可迅速发展，如灰霉病、黄瓜霜霉病、番茄晚疫病、辣椒疫病等都比露地作物发生严重。

3. 生理病害普遍发生

目前我国现有栽培设施人为控制程度较低，因此作物在生产过程中常常会遇到棚室小气候异常（如温度不适、光照不足、气体毒害）、管理不善（营养元素缺乏或过剩、水分过多或过少、土壤次生盐渍化）或品种不适宜等，从而引起作物生长受阻，并表现出各种生理障碍症状，直接影响蔬菜产品的产量和质量。如黄瓜化瓜、畸形瓜和苦味瓜，低温冷害；番茄的畸形果、裂果、空洞果、日灼病、缺素症及2,4-滴药害等。

4. 部分病害有所减轻

设施内不受雨水淋洗，所以那些依靠雨水飞溅进行传播的病害（如茄子绵疫病等）在棚室内很少发生；另外因棚室内湿度大，植株表面长期有水存在，白粉病孢子会在水中胀裂，发病较轻；病毒病也因棚室内湿度大、光照弱，不利于传毒昆虫的繁殖和病毒病的发生，为害程度一般轻于露地。

5. 病虫害抗药性发展快

设施栽培过程中，由于过度使用和滥用农药，导致药物与靶标位点的相互作用降低甚至失去防治效果。目前，世界上已发现500多种害虫产生了抗药性，我国已有50多种重要农业有害生物对农药产生了抗性，其中植物病原菌约20种，害虫（螨）超过30种。

（二）设施作物虫害发生特点

在棚室内，害虫的发生有许多不同于露地栽培的地方。由于棚室内环境密闭、空气湿度大、昼夜温差也大，不会出现露地常有的大风、暴雨，那些体型小的害虫（如潜叶蝇类、害螨类和粉虱类）不会发生意外死亡，因而为害极为严重，如菜蚜一年发生10~30代，粉虱一年发生10余代。其他类别的害虫一般为害较露地轻。

三、作物病虫害发生的原因

近年来，随着设施栽培面积增加，设施作物病虫害种类也随之增加，为害程度加重，同时增加了露地作物的病源、虫源。主要原因是温室、大棚等为病虫害发生创造了有利的土壤、温度和湿度等环境条件，助长了病虫害的发生与流行。

（一）设施栽培为病虫害的发生和越冬提供了场所及寄主植物

设施栽培作物可以一年多季生产，这就为原本在北方冬天不能露地越冬的病虫害（如黄瓜霜霉病、白粉虱、美洲斑潜蝇等）提供了安全越冬和周年循环为害的寄主植物条件，而且同时使大田作物也增加了大量菌虫源。

（二）土壤为病虫害的发生提供有利条件

土壤是作物根系的生存环境，也是多种病原菌的越冬场所。设施内土壤光照少，温度高，湿度大，极利于病原菌繁殖；同时由于作物根系的分泌物质和病根的残留，使土壤微生物逐渐失去平衡，土壤中病原菌数量不断增加，逐代积累；另外加上设施栽培土壤利用率高，轮作倒茬困难，经常连续多年种植少数几种经济价值较高的作物。这些都为设施内土传病虫害的日益严重创造了客观条件。

（三）湿度为病虫害的发生提供有利条件

温室、大棚等是一个相对密闭的环境，水汽不易散失，尤其是冬春低温季节，为保持棚室内的温度，通风换气经常受到限制，导致棚室内湿度大，特别是连阴雨天气，湿度经常可以达到饱和状态，且高湿持续时间长，植株表面大量结水。这都为那些需要高湿度的病害创造了有利条件。如黄瓜霜霉病、番茄叶霉病、番茄晚疫病、辣椒疫病、茄子菌核病等真菌性病害和黄瓜细菌性角斑病、番茄溃疡病等细菌性病害。

（四）温度为病虫害的发生提供有利条件

设施内温度白天高、夜间低、昼夜温差大，植株叶面易结露，这会导致另一类病害发生。如灰霉病，其孢子在夜间气温低时易萌发，高湿度又有利于其病菌的生长；又如黄瓜叶面结露持续 4~5 小时就可被霜霉病菌侵染。

第二节　设施作物常见病害的防治

一、侵染性病害的防治

（一）猝倒病

1. 症状及病原

俗称卡脖子、小脚瘟，是冬春季育苗时常见的真菌侵染性病害。常见症状有烂种、死苗和猝倒 3 种，其中猝倒是幼苗出土后，茎基发生水渍状暗斑，继而绕茎扩展，逐渐缢缩呈细线状，而使幼苗倒地枯死。苗床湿度大时，在病苗附近床面上常密生白色棉絮状菌丝。其病原为瓜果腐霉菌，属鞭毛菌亚门真菌。

2. 发病规律

病菌以卵孢子随病残体在土壤中越冬，在土壤温度低于15℃，高湿且光照不足的连阴天时，利于病害发生蔓延。病菌主要靠风雨、流水、带病菌的粪肥及农事操作等传播。条件适宜时，游动孢子借灌溉水从茎基部传播到幼苗上发病。当幼苗皮层木栓化后，真叶长出，则逐渐进入抗病阶段。

3. 防治方法

采用无土基质育苗，改善温室光温条件，加强苗床管理，避免低温高湿条件出现，苗期不要在阴雨天浇水；苗期适当喷施0.1%磷酸二氢钾，提高幼苗抗病力；播种前用种子重量0.4%的50%福美双可湿性粉剂，或65%代森锌可湿性粉剂拌种，防止出苗前后受土壤菌源侵染发病。如未进行床土消毒，出苗后可床面喷洒70%代森锰锌可湿性粉剂500倍液或75%百菌清可湿性粉剂600倍液，每7天施用1次，视病情连续防治1~2次即可。

(二) 根结线虫病

1. 症状及病原

主要为害根部，根部受害后发育不良，侧根多，根端部产生肥肿畸形瘤状物，瘤状物初为白色，后为褐色至暗褐色，表面有时龟裂，被害株地上部生育不良、叶发黄、植株矮小、结果少，干旱时中午萎蔫，最后提前枯死。病原由几种根结线虫组成，其中南方根结线虫为各地普遍分布的优势种，其次有爪哇根结线虫、北方根结线虫和花生根结线虫等。

2. 发病规律

该虫多在土壤表层5~30厘米生存，常以2龄幼虫为侵染虫态，在土壤中或以卵随病株残根一起越冬。在条件适宜时，越冬卵孵化为幼虫，继续发育并侵入寄主根部，刺激根部细胞增生而形成根结或瘤。线虫发育至4龄交尾产卵，卵在根结里孵化，发育至2龄后离开卵壳进入土中越冬或再侵染。病原可在育苗土中或育苗温室传播至幼苗，形成病苗，然后随病苗、病土及灌溉水进行传播蔓延。

3. 防治方法

选用无病菌的土壤育苗，深翻土壤，施用腐熟有机肥，清除病残株，种植前土壤用 1.8% 阿维菌素乳油每平方米 1.0~1.5 毫升，兑水 6 升消毒；亦可用石灰氮穴施于苗周围，定植后再喷施阿维菌素进行防治，合理轮作，可与芦笋实行 2 年轮作或有条件的实施水旱轮作效果更好。

（三）菌核病

1. 症状及病原

从苗期至成株期均可发病，发病部位以距离地面 30 厘米以下发病最多。典型症状是病部组织迅速软腐，并密生白色菌丝，最后产生黑色菌核。茎部被害，多由叶柄基部侵入，初产生褪色的水渍状病斑，后扩大呈淡褐色，病部以上叶、蔓枯萎。果实染病始于果柄，后向果面蔓延。病原为子囊菌亚门核盘菌属的真菌。

2. 发病规律

病菌遇不良条件即形成菌核，菌核在土壤中越冬，遇适宜条件即萌发形成子囊盘，产生的子囊孢子靠气流传播至衰老的叶、花上，形成初侵染，适宜条件植株发病后主要通过病株与健株接触形成再侵染。菌核在干燥的土壤中可存活 3 年，潮湿的土壤只能存活 1 年。设施内通风不良，湿度大，发病重。

3. 防治方法

加强栽培管理，收获后彻底清除病残体，发病初期及时摘除病叶病果，覆盖地膜阻止孢子扩散。发病初期也可选用 40% 菌核净可湿性粉剂 1 000~1 500 倍液，50% 腐霉利可湿性粉剂 1 000 倍液，50% 异菌脲可湿性粉剂 1 000 倍液或 50% 乙烯菌核利可湿性粉剂 800 倍液喷雾。每 10 天防治 1 次，连续喷 2~3 次。合理轮作，与非寄主作物实行 3 年以上轮作。

（四）灰霉病

1. 症状及病原

该病主要为害花、果实、叶片及茎。果实染病多从残留的柱头或花瓣被侵染而诱发顶端发病，然后向果面及果柄扩展，致果皮呈灰白色、软腐，病部长出大量灰绿色霉层，即为病原菌的子实体，同一穗果上的果实常由于相互感染而使整穗果实发病。叶片染病始自叶尖，然后呈"V"形向内扩展，初为浅褐色至黑褐色水浸状斑，后干枯表面生有灰霉致叶片枯死。病原是半知菌亚门灰葡萄孢属的真菌。

2. 发病规律

主要以菌核在土壤中或以菌丝及分生孢子在病残体越冬或越夏，低温高湿利于发病，特别是棚膜滴水可使菌核萌发，产生菌丝体和分生孢子梗及分生孢子。分生孢子成熟后脱落，借棚顶水滴、气流及农事操作进行传播，萌发时产生芽管，从伤口或枯死组织如残留花瓣中侵入为害。果实膨大期浇水后病果剧增，此后病部产生的分生孢子可借气流传播进行再侵染。本菌发育适温为20℃，最低发育温度为2℃，光照不足，相对湿度持续90%以上的多湿状态下易发病。

3. 防治方法

重点抓生态防治，控制好棚室内的温湿度，掌握好通风时间，上午封棚升温，下午通风降温降湿，夜间加强保温增温，减少叶面结露以缩短适于病害发生的时间；控制灌水，采用膜下灌溉；清洁棚室，及时清除病残体；与非寄主作物合理轮作。关键期可用药防治，如50%烟酰胺水分散粒剂1 200～1 500倍液，也可选用50%烟酰胺水分散粒剂1 000倍液混50%异菌脲可湿性粉剂1 000倍液，几种杀菌剂轮换交替使用。

（五）早疫病

1. 症状及病原

又称轮纹病，以叶片和茎叶分枝最易发病，叶片初呈针尖大的暗绿色水浸状小斑点，后不断扩展为轮纹斑，边缘深褐色，上有较明显的浅绿色或黄色同心轮纹；茎部染病，多在分枝处产生褐色至深褐色不规则圆形或椭圆形病斑，叶柄受害，可产生黑色或深褐色轮纹斑；青果染病，常在萼片附近形成椭圆形病斑。病原系茄链格孢，属半知菌亚门真菌。

2. 发病规律

病菌以菌丝或分生孢子在病残体或种子上越冬，高温高湿利于发病，特别是棚膜滴水易于发病，分生孢子还可借水滴、空气等传播，连阴天易蔓延流行。日均温21℃左右，空气相对湿度大于70%的时数大于49小时，该病就有可能发生和流行。菌丝或分生孢子可从植株表面气孔、皮孔或表皮直接侵入，形成初侵染，经2~3天潜育后出现病斑，以后病斑产出分生孢子，可通过气流、水滴进行再侵染。

3. 防治方法

注意清洁棚室，及时清除病残体，与非寄主作物实行2年以上轮作；加强棚室内的温、湿度管理，特别是灌水后，应设法加大通风，降低温、湿度以缩短适于病害发生的时间，减缓病害发生和蔓延速度。

早疫病菌潜育期短，在发病前可选用45%百菌清烟雾剂或10%腐霉利烟雾剂，每亩施用200~250克熏蒸棚室，亦可结合翻耕，每亩撒施70%甲霜灵·锰锌可湿性粉剂2.5千克，杀灭土壤中残留病菌；初发病时，可以25%嘧菌酯悬浮剂40克、52.5%霜脲氰·唑菌酮可湿性粉剂40克交替兑水喷雾，每7天喷1次，视病情连续防治3~4次。若茎部发病，除叶片喷施外，还可将50%异菌脲可湿性粉剂配成200倍液，涂抹病部来抑制病害发展。

（六）晚疫病

1. 症状及病原

主要为害叶片、茎部和青果。一般先从叶片开始发病，然后向茎、果扩展，接近叶柄处呈黑褐色、腐烂，病斑初为暗绿色水浸状，渐变为深褐色；茎秆上病斑为黑褐色，稍凹陷，边缘不清晰；青果易被害产生油浸状暗绿色病斑，后呈暗褐色至棕褐色，边缘明显，云纹不规则，湿度大时其上可长少量白霉，迅速腐烂。病原是致病疫霉，属鞭毛菌亚门真菌。

2. 发病规律

病菌主要在棚室的番茄或马铃薯块茎上越冬，也可以厚垣孢子在落入土中的病残体上越冬，孢子囊靠气流或棚膜水滴传播到植株上，从气孔或表皮直接侵入，在棚室形成中心病株，从下部叶片发病，逐渐向上发展。病菌孢子囊的大量形成，需要有95%以上的相对湿度，即白天气温24℃以下的16～22℃，夜间10℃以上，相对湿度高于85%以上且持续时间长，易于发病。相对湿度高于85%，孢囊梗从气孔中伸出，相对湿度高于95%，孢子囊形成。空气水分饱和，植株叶片表面形成液滴水膜时，休眠孢子才能萌发，因此长时间高温和饱和湿度是该病流行发生的重要条件。中心病株的病菌营养菌丝在寄主细胞间扩展潜育3～4天后，病部长出菌丝和孢子囊，经水汽、空气传播再侵染、蔓延。

3. 防治方法

注意严格控制棚室内的温、湿度条件，特别是放草苫前后高温高湿，易于结露，应设法加大通风，降低湿度，预防病害发生，延缓病害蔓延速度；可与非茄科植物实行3年以上轮作；若温室温、湿度适于病害发生，可采用喷粉尘法如每亩喷撒5%百菌清粉尘剂1千克，亦可使用45%百菌清烟雾剂熏蒸，每亩施用200～250克，每7～9天施用1次来预防病害发生；若发现中心病株，则应立即除去病叶或病果，拔除病株，然后采用药剂防治。初发病时，可以喷施722克/升霜霉威盐酸盐水剂800倍液，或64%噁霜·锰锌可湿性粉剂500倍液交替喷施，每7～10天施用1次，视病情连续防治5~6次。若茎部发病，除叶片喷施外，还可将64%噁霜·锰锌可湿性粉剂配成200倍液，搅匀后涂抹病部来抑制病害扩展。

（七）病毒病

病毒病是夏秋季栽培由害虫口器传播的病害。主要为3种类型：花叶型、蕨叶型和条纹型。分别由不同的病毒所引起，尚无有效治疗药剂，故应以预防为主。

1. 症状及病原

（1）花叶型

叶片上出现黄绿相间或深浅相间的现象，病株矮化，主要由烟草花叶病毒（TMV）侵染后产生。

（2）蕨叶型

植株不同程度矮化、由上部叶片开始全部或部分变成线状，中、下部叶片向上微卷，花冠加大形成巨花，主要由黄瓜花叶病毒（CMV）引起。

（3）条纹型

可发生在叶、茎、果上，病斑形状因发生部位不同而异，在叶片上为茶褐色的斑点，在茎蔓上为黑褐色斑块，变色部分仅处于表层，系烟草花叶病毒及黄瓜花叶病毒与其他病毒复合侵染引起，在高温和强光照下易于发生。变细、变黑，有些植株感染部位缢缩，潮湿时可见其上有白色或褐色丝状物。

2. 发病规律

常见于越夏栽培和夏秋季育苗期，TMV病毒可通过种子带毒或烟草作为初侵染源，CMV主要由蚜虫从杂草传播，因此应针对毒源，采取预防措施。

3. 防治方法

选用抗病毒品种；实行无病毒种子生产，播种前对种子用

10%磷酸钠或 0.1%高锰酸钾消毒 40 ~ 50 分钟；注意栽培管理，小水勤浇，防止高温干旱，注意田间操作时对手及工具的清洗消毒；早期防蚜，可使用 50%抗蚜威可湿性粉 3 000 倍液。

(八) 枯萎病

1. 症状及病原

又称蔓割病、萎蔫病，是设施瓜类的严重病害。该病的典型症状是萎蔫，瓜类幼苗即可发病，子叶萎蔫，茎基部变褐缢缩、猝倒。成株期发病叶片从下至上逐渐萎蔫，叶色黄绿，病株白天萎蔫，早晚恢复正常，茎基部、节、节间有黄褐色条斑，病部易纵裂，潮湿时病斑表面生白色至粉红色霉层且维管束变褐。病原为尖镰孢菌，属半知菌亚门真菌。

2. 发病规律

病菌以菌丝体、菌核或后垣孢子在土壤、病残体上越冬，种子、土壤、肥料、灌溉水、昆虫、农具等都可带菌传播病害。病菌首先侵入根系，然后由下向上扩展，堵塞导管，致使植株萎蔫。病菌可在土壤中存活 5 ~ 6 年，甚至 10 年以上。高温是发病的重要条件，发育最适宜气温为 24 ~ 27℃，土温为 24 ~ 30℃，酸性土壤利于发病。

3. 防治方法

选用无病种子，可用 50%多菌灵可湿性粉剂 500 倍液浸种 1 小时，或用 40%甲醛 150 倍液浸种 1.5 小时对种子进行消毒处理；采用无病菌的土壤育苗，严格进行土壤消毒，同时可采用嫁接换根增强植株抗性；在发病初期可用 50%多菌灵可湿性粉剂 500 倍液、50%甲基硫菌灵可湿性粉剂 400 倍液灌根，每株灌 0.25 千克药液，隔 7 天灌 1 次，在发病初期连灌 2 ~ 3 次。

(九) 白粉病

1. 症状及病原

该病主要侵染叶片，其次是茎和叶柄。发病初期在叶面正反面出现白色小粉点，扩大后呈不规则粉斑，上生白色絮状物，即菌丝和分生孢子梗及分生孢子。初霉层较稀疏，渐稠密后呈毡状，病斑扩大连片可覆满整个叶面，叶片逐渐变黄，发脆，一般不落叶。病原为鞑靼内丝白粉菌，属子囊菌亚门真菌。

2. 发病规律

主要以菌核在土壤中或以菌丝及分生孢子在病残体越冬或越夏，低温高湿利于发病，特别是棚膜滴水可使菌核萌发，产生菌丝体和分生孢子梗及分生孢子。分生孢子成熟后脱落，借棚顶水滴、气流及农事操作进行传播，萌发时产生芽管，从伤口或枯死组织如残留花瓣中侵入为害。果实膨大期浇水后病果剧增，此后病部产生的分生孢子可借气流传播进行再侵染。本菌发育适温为20℃，叶面有水滴时，孢子吸水易破裂，因而寄主受旱时白粉病发病更严重。

3. 防治方法

重点抓生态防治，注意加强棚室温、湿度管理，彻底清除病残体，减少越冬菌源；采用膜下滴灌，若发病则应适当控制浇水，防止结露；可采用5%百菌清粉尘剂1千克喷粉，亦可使用45%百菌清烟雾剂每亩施用200~250克熏蒸棚室预防病害发生；初发病时，应及时摘除病叶，然后喷施50%硫磺悬浮剂200~300倍液、15%三唑酮可湿性粉剂1 500倍液、40%氟硅唑乳油8 000倍液，每隔7~15天喷1次，连续防治2~3次。

二、生理性病害的防治

（一）畸形果

1. 症状及病因

设施栽培的园艺植物时常可能出现畸形果或畸形瓜，如番茄的瘤形果、大脐果、突指果、尖顶果等，黄瓜的弯瓜、尖嘴瓜、大肚瓜、细腰瓜等。其可能原因有植株生长发育过程中出现了温度过高或过低、光照不足、肥水不当或生长激素使用不当等。如番茄幼苗期养分过多可使花芽过度分化，易形成多心皮畸形花，进而发育出桃形、瘤形或指形等畸形果；而苗期低温、干旱等易使花器木栓化，后转入适宜条件时，易形成裂果、疤果或籽外露果实。黄瓜花期如遇持续高温、干燥，易出现尖嘴瓜、细腰瓜、大肚瓜等，氮肥施用过量易形成苦味瓜。

2. 防治方法

可选用果型周正的品种，注意疏花疏果，及时摘除畸形花果；做好温度、湿度、光照及水分的调控管理，番茄苗期温度不宜过低，黄瓜夜温不可过高，不要在地温和气温偏低时过早定植；加强肥水管理、采用配方施肥避免偏施氮肥，防止植株徒长；番茄保花保果时要合理使用生长调节剂。

(二) 土壤次生盐渍化

1. 症状及病因

设施栽培的土壤由于长期处于半封闭状态，缺乏雨水淋洗，加之棚室内温度高，蒸发量大，土壤下层盐类易随水上移积累于表层；同时为追求高产量，农民经常会过量施肥，造成棚内土壤盐分大量积累，超过了作物生长的浓度范围，形成日益严重的土壤次生盐渍化现象。

土壤出现次生盐渍化最明显特征是土表出现红苔。作物生长发育受阻，如盐类累积影响作物对水分和钙的吸收，造成烂根，土表硬壳，铵浓度升高，钙吸收受阻，叶色深而卷曲。作物表现出叶色浓绿，有蜡质，有闪光感，严重时叶色变褐，下部叶反卷或下垂，根短、量少，根头齐或钝，变褐色；植株矮小，叶片小，生长僵，严重时中午凋萎，早晚恢复，几经反复后枯死。不同作物中毒反应不同，番茄幼苗老化，茎尖凋萎，果实畸形；芹菜心腐；白菜烧叶；黄瓜茎尖萎缩、叶片小等。

2. 防治方法

解决土壤盐渍化应以预防为主，避免在盐碱土地区发展设施种植；要注意平衡施肥，多施有机肥，少施化肥，化肥可选用过磷酸钙、磷酸铵、磷酸钾这些易被土壤吸收的肥料；要开好排水沟，进行合理灌溉，如尽量采用膜下滴灌或渗灌；在夏季高温多雨季节，可撤掉棚膜或利用棚内灌溉设施，以水排盐；种植吸肥力强的作物除盐，如禾本科作物或绿肥；深翻除盐或换土除盐。

（三）筋腐病

1. 症状及病因

又称污心果，是设施栽培中发生较严重的一种生理性病害。主要发生在果实膨大至成熟期，病果质硬、着色不匀，横切后可见果肉维管束呈黑褐色。病果多发生在背光面，特别是下部花穗，主要原因是秋冬季棚室温度较低、光照不足、缺钾和铵态氮素过多所致，病害特别是病毒病的毒素亦是诱发筋腐病的重要原因。氮肥施肥量大，灌水过多致使地温偏低、土壤中氧气供应不足时发病较重。不同品种发病情况也不同，施用未腐熟农家肥、密植、摘心过早或感染病毒都可诱发此病。

2. 防治方法

选用耐低温弱光、抗筋腐病的品种；施用腐熟有机肥，合理施用复合肥和铵态氮肥，避免偏施氮肥；实行高垄或高畦栽培，提高地温，在果实着色期合理灌水，最好使用膜下滴灌防止土温明显下降；采用增光技术，改善开花结果期的温度光照条件。

（四）裂果病

1. 症状及病因

是番茄栽培中一种常见的生理性病害，根据裂纹分布和形状可分为：环状裂果，以果蒂为中心呈环状浅裂；放射状裂果，以果蒂为中心向果肩部延伸；条状裂果，在果顶花痕部不规则浅裂。裂果主要发生在果实发育后期或转色期，如遇高温、烈日、干旱等情况，特别是果实成熟前土壤水分突然变化，造成果肉与果皮组织的生长速度不同步，膨压增大，而使果皮开裂。当然品种不同对裂果的抗性有很大差异。

2. 防治方法

种植时注意选用抗裂、枝叶繁茂、果皮较厚且较韧的品种；在果实着色期合理灌水，最好使用滴灌，采用小水勤浇，减少大水沟灌导致土壤水分忽干忽湿引起的裂果；果实应避免阳光直射，适度打杈，保证植株叶片繁茂，摘心不可过早，打底叶不宜过早过狠，以利遮盖果实，减少水分变化影响；采用深沟高畦栽培，增施有机肥，以改良土壤结构、提高土壤的保水保肥能力；对于春季延后栽培而言，最好不揭大棚顶膜，如果非揭不可，则必须在大雨前及时采收；在维持较为稳定的土壤含水量的基础上，果实进入膨大期后，用 0.3% ~ 0.4% 的波尔多液喷洒植株，对防止裂果有明显的效果。

（五）空洞果病

1. 症状及病因

空洞果病常见症状为果面凹陷、有棱角，果肉与果皮间有空洞，胶状物质少，果实膨大不良。切开果实可见胎座发育不良，胎座组织生长不充实，果皮与胎座分离而有空腔，果肉不饱满，果皮很薄，看不见种子。它主要是因棚室内高温或低温使花粉活力不稳定，受精不良，种子形成少，致使胎座组织发育跟不上果皮发育而产生。此外种子形成少，便会缺少大量果胶物充实果腔，也可引起果实空洞。植物生长调节剂处理过早或浓度过大，也会影响种子形成而诱发空洞果。氮肥施用过多致使果实生长过快也是空洞果形成的重要原因。

2. 防治方法

选用心室多、果腔多或不易发生空洞果的品种；用植物生长调节剂处理时，要注意使用的浓度及时期，避免重复蘸花；温室还可使用振动器或熊蜂辅助授粉，促进花果受精和种子发育；同时注意合理施肥，防止偏施氮肥；适时摘心，防止摘心过早而使养分分配变化出现空洞果。

第三节　设施作物常见虫害的防治

一、蚜虫的防治

（一）为害特点

蚜虫俗称腻虫，属同翅目蚜科。为害种类主要是棉蚜（瓜蚜）和桃蚜（烟蚜）。以成虫及若虫刺吸植物汁液，被害部位失绿变色，皱缩卷曲或形成虫瘿，老叶提前枯落，影响植株正常生长发育。此外，其分泌的蜜汁可引发煤污病，同时还能传播病毒病，病毒病蔓延后所造成的为害远大于虫害本身。蚜虫分为有翅蚜和无翅蚜，都为孤雌胎生方式繁殖，一般4月底露地迁飞于春栽蔬菜上，6—7月虫口密度最大，秋季迁进温室大棚为害，高温高湿不利于蚜虫生长繁殖，而低温干旱有利于蚜虫生活。

（二）防治方法

秋冬茬栽培及育苗时可在棚室风口处安装防虫网，使用银灰-黑双面地膜覆盖畦并悬挂银灰色塑料膜避蚜和防病毒病；棚室内秋冬季若有蚜虫，为避免增大湿度，可选用10%灭蚜烟剂每亩400~500克，分散成4~5堆，于傍晚将棚密闭后熏烟3小时，灭蚜效果在90%以上；可选用2.5%溴氰菊酯乳油或25克/升氯氟氰菊酯乳油3 000倍液，亦可选50%抗蚜威可湿性粉剂2 000~

3 000倍液叶片喷施进行防治。

二、小菜蛾的防治

（一）为害特点

小菜蛾又名小青虫，两头尖，属鳞翅目菜蛾科。主要为害十字花科植物，初龄幼虫仅取食叶肉，留下表皮，在菜叶上形成一个个透明的斑，3~4龄幼虫可将菜叶食成孔洞和缺刻，严重时全叶被吃成网状。在苗期常为害中心叶，影响包心。在留种株上，为害嫩茎、幼荚和籽粒。成虫体长6~7毫米，翅展12~16毫米，卵椭圆形，稍扁平，长约0.5毫米，宽约0.3毫米，初孵幼虫深褐色，后变为绿色。北方以春季为害重，成虫昼伏夜出，日落后取食、交尾、产卵，卵多产于寄主叶背靠近叶脉凹陷处，发育适温20~26℃。

（二）防治方法

合理布局，尽量避免大范围内十字花科蔬菜连作，收获后及时处理残株败叶，减少虫源；利用小菜蛾的趋光性，棚室内可放置黑光灯诱杀成虫；同时因小菜蛾抗逆性强，对农药易产生抗性，药剂防治时应掌握在卵孵化盛期至幼虫2龄期，可使用虫螨腈或茚虫威喷施。注意交替使用或混合配用，以减缓抗药性的产生。

三、茶黄螨的防治

（一）为害特点

茶黄螨属蜱螨目跗线螨科。茶黄螨以成虫和幼虫集中在植物幼嫩部位刺吸植物汁液，受害叶片变窄、变脆，僵硬直立，背面呈灰褐色或黄褐色，具油质光泽或油浸状，边缘向下卷曲，皱缩或扭曲畸形，严重时嫩茎、嫩枝、嫩花变为黄褐色、木质化，植株畸形和生长缓慢乃至顶部干枯、秃尖。螨体积小，雌螨长约0.02厘米，淡黄色至橙黄色，表皮薄而透明，因此螨体呈半透明状。在田间主要靠风传播，为害时往往会先形成中心被害点，然后向四周扩散。温室全年都可发生，但冬季繁殖能力较低，适宜发育繁殖温度为16~28℃，相对湿度为80%~90%。螨虫有强烈的趋嫩性，喜欢在幼嫩部位取食和繁衍。卵和幼螨对湿度要求高，只有相对湿度大于80%才能发育，因此高温高湿环境有利于茶黄螨的发生。

（二）防治方法

设施内作物采收后，应及时清除残枝落叶，集中烧毁，并用或敌敌畏熏蒸杀死幼螨或成虫。茶黄螨生活周期短，繁殖力极强，应加强虫情观察，在发生初期进行防治。喷药重点是植株上部，尤其是嫩叶背和嫩茎。可用43%联苯菊酯悬浮剂20~30毫升/亩兑水喷雾，每隔10天施用1次，连喷2~3次。

四、美洲斑潜蝇的防治

（一）为害特点

美洲斑潜蝇又名蔬菜斑潜蝇，属双翅目潜蝇科。以幼虫潜叶为害，叶片正面形成白色的蛀虫道，严重时可使叶肉组织几乎全部受害，甚至枯萎死亡，以植株中下部叶片为害较严重。成虫体小，长1.3~2.0毫米，翅展0.1~0.2厘米，浅灰黑色，幼虫蛆状，老熟幼虫体长2.0~2.5毫米，蛹椭圆形，浅橙黄色。雌虫刺伤寄主植物后，作为取食和产卵的场所，雄虫不能刺伤植物，但可以从雌虫造成的伤口中取食。幼虫孵化后即潜入叶肉中取食，破坏叶肉细胞，并使叶片出现空腔，致使光合作用减弱而减产。北方斑潜蝇春秋季发生较重，完成一代所需时间15~30天，世代重叠明显。其近距离传播主要是通过成虫的迁移或随气流扩散；远距离传播主要靠寄主植物或蛹随土壤或交通工具进行。该蝇属喜温性害虫，温度是制约其发生的重要因素，而空气相对湿度对其影响不大。

（二）防治方法

温室大棚应在棚室风口处设置防虫网，控制外来虫源；棚室内可用番薯或胡萝卜煮液为诱饵，加 0.05% 敌百虫为毒剂制成诱杀剂点喷植物来诱杀成虫，每隔 3～5 天喷 1 次，连喷 5～7 次；结合整枝、打杈及摘心摘除有虫病叶或在阳光下将叶中可见幼虫用手捏死；因美洲斑潜蝇的蛹和卵耐药性非常强，喷药防治应在成虫盛发期或始见幼虫潜蛀隧道时进行，20% 灭蝇胺可溶粉剂 30 克，或 1.8% 阿维菌素乳油 20 克交替兑水喷雾，每隔 7～10 天喷 1 次，连喷 2～3 次。

五、温室白粉虱的防治

（一）为害特点

温室白粉虱又名小白蛾，属同翅目粉虱科。主要在我国北方地区为害，已成为蔬菜生产上的大敌。以成虫和若虫群居于嫩叶背面用口器刺入植物叶面组织吸食汁液，使叶片褪绿变黄、萎蔫，还分泌大量蜜露，污染叶片、果实引发煤污病，可造成减产和降低果实商品性，另外还可传播病毒病。白粉虱繁殖力强，增长迅速，成虫活动适温为 25～30℃。白粉虱不能在露地越冬，一般在秋季迁进温室大棚，至第二年春季迁飞露地。

（二）防治方法

应以农业防治为主，应注意培育无虫苗，秋冬茬栽培特别是育苗温室应在棚室风口处设置尼龙纱防虫网，并注意清除杂草，控制外来虫源；在棚室内设置黄板诱杀成虫；当白粉虱密度达 0.5～1 头/株时，可通过释放丽蚜小蜂 3～5 头/株进行防治，控

制效果良好；若虫口密度较大，可选用 22%敌敌畏烟雾剂，每亩
500 克，分散成 4~5 堆，于傍晚将棚密闭后熏烟 1 晚上，对成虫
杀灭效果在 80%以上；熏烟后翌日清晨日出前选用 25%噻嗪酮可
湿性粉剂 1 500 倍液，或 2.5%溴氰菊酯乳油 3000 倍液或 25 克/
升氯氟氰菊酯乳油 3 000 倍液全株喷施可杀灭若虫及残留成虫，
防效显著，或每亩用 5%噻螨酮乳油 30 毫升、22.4%螺虫乙酯悬
浮剂 20~30 毫升兑水喷雾。

参 考 文 献

李建明，2020. 设施农业概论 ［M］. 2 版 . 北京：化学工业出版社.

李式军，郭世荣，2002. 设施园艺学 ［M］. 北京：中国农业出版社.

马跃，崔改泵，邵凤成，2017. 设施蔬菜生产经营 ［M］. 北京：中国农业科学技术出版社.

孙廷，连进华，2015. 设施园艺生产技术 ［M］. 北京：中国农业大学出版社.

王迪轩，王雅琴，何永梅，2018. 图说大棚蔬菜栽培关键技术 ［M］. 北京：化学工业出版社.

王振龙，2008. 无土栽培 ［M］. 北京：中国农业大学出版社.

张晓丽，焦伯臣，2016. 设施蔬菜栽培与管理 ［M］. 北京：中国农业科学技术出版社.

郑锦荣，吴仕豪，张长远，等，2020. 现代设施园艺新品种新技术 ［M］. 北京：中国农业出版社.